基于VB6.0的
测绘数据处理程序设计

戴小军　毛承逆　蒋文奎　张　翔◎著

四川大学出版社
SICHUAN UNIVERSITY PRESS

图书在版编目（CIP）数据

基于 VB6.0 的测绘数据处理程序设计 / 戴小军等著.
成都：四川大学出版社，2024. 11. -- （信息科学与技
术丛书）. -- ISBN 978-7-5690-7461-1

Ⅰ. P209

中国国家版本馆 CIP 数据核字第 202452E9R6 号

书　　名：基于 VB6.0 的测绘数据处理程序设计
　　　　　Jiyu VB6.0 de Cehui Shuju Chuli Chengxu Sheji
著　　者：戴小军　毛承逆　蒋文奎　张　翔
丛 书 名：信息科学与技术丛书

丛书策划：蒋　玙
选题策划：王　睿　周维彬
责任编辑：王　睿
责任校对：周维彬
装帧设计：墨创文化
责任印制：李金兰

出版发行：四川大学出版社有限责任公司
　　　　　地址：成都市一环路南一段 24 号（610065）
　　　　　电话：（028）85408311（发行部）、85400276（总编室）
　　　　　电子邮箱：scupress@vip.163.com
　　　　　网址：https://press.scu.edu.cn
印前制作：四川胜翔数码印务设计有限公司
印刷装订：四川煤田地质制图印务有限责任公司

成品尺寸：170 mm×240 mm
印　　张：18.25
字　　数：335 千字

版　　次：2024 年 11 月 第 1 版
印　　次：2024 年 11 月 第 1 次印刷
定　　价：88.00 元

本社图书如有印装质量问题，请联系发行部调换

扫码获取数字资源

四川大学出版社
微信公众号

前　言

Visual Basic（简称VB）作为一种可视化的程序设计语言，推出至今已有30余年。目前，在编程语言排行榜上仍能见到其活跃的身影。在界面设计时，开发人员不需通过大量的代码去描述界面的外观和位置，而是可以直接利用工具箱"画"出窗口、菜单、命令按键等不同类型的对象，并为每个对象设置属性，让程序设计效率大大提高。在传统测绘中，许多数据处理工作只需要简单的VB桌面程序就能实现，因此，掌握了VB桌面程序的开发技术，就能合理运用内置于Office套件中的Visual Basic for Applications（VBA），进而提高工作效率。

本书著者是西南石油大学戴小军，四川省地质调查研究院毛承逆，中国铁建大桥工程局集团有限公司蒋文奎、张翔。本书分别从概述、常用数据的处理、工程数据处理、地籍数据处理、坐标计算、分幅与编号计算、文档处理、系统工具、图面整理、档案整理、实用工具出发，系统介绍了基于VB6.0的测绘数据处理程序设计方法，旨在帮助读者理解程序代码的含义、厘清程序开发的思路。

限于著者水平，书中难免有疏漏和错误，敬请读者谅解并提出宝贵建议，以便日后加以完善。

著　者
2024年10月

目 录

1 概述 001

  1.1 VB 6.0简介 001

  1.2 VB 6.0集成开发环境 002

  1.3 本书简介 006

2 常用数据的处理 008

  2.1 徕卡格式转换 008

  2.2 拓普康格式转换 018

  2.3 南方格式转换 022

  2.4 宾得格式转换 032

  2.5 瑞德格式转换 035

  2.6 坐标修正 037

  2.7 提取KML坐标 040

3 工程数据处理 049

  3.1 测站计算 049

  3.2 坐标变换 056

  3.3 平曲线计算 063

  3.4 GPS验算项数据搜索 066

4 地籍数据处理 092

  4.1 图斑错误文件转换 092

  4.2 街坊点、线文件处理 097

4.3　查lab文件重复点 111

4.4　查DAT文件重复点 113

4.5　lin文件处理 120

4.6　XY文件排序 133

5　坐标计算 137

5.1　单点坐标正反算 137

5.2　大地正反算 140

5.3　前方交会 153

5.4　后方交会 157

5.5　测边交会（距离交会） 159

5.6　双点后方交会 163

6　分幅与编号计算 166

6.1　图幅号计算 166

6.2　带号计算 172

7　文档处理 176

7.1　Office文件批量处理 176

7.2　Excel文件批量处理 185

7.3　文本文件批量处理 190

7.4　批量设置参数 195

8　系统工具 205

8.1　批量创建文件夹 205

8.2　文件夹批量改名 207

9　图面整理 210

9.1　散点精度检查 210

9.2　间距精度检查 216

9.3　高程点匹配检查 225

9.4　提取多段线拐点坐标 228

10 档案整理 234

　10.1 台账信息核实匹配 234

　10.2 根据图面注记修改档案文件夹名 239

　10.3 照片按时间自动整理到文件夹 246

　10.4 文件按名称自动整理到文件夹 250

　10.5 提取名称自动创建文件夹并整理 252

　10.6 批量图片生成文档 263

11 实用工具 268

　11.1 单测站碎部点计算 268

　11.2 控制点单点校核 273

1　概述

1.1　VB 6.0简介

Visual Basic 6.0（VB 6.0）是微软公司于1998年推出的编程设计软件，基于Windows操作系统可视化编程环境。VB 6.0集成开发环境由标题栏、菜单栏、工具栏、工具箱、窗体窗口、工程窗口、属性窗口、窗体布局窗口等构成，包括编辑器、设计器、属性等多种开发组件，还具有窗口编辑功能，可直接对窗口进行编辑和预览。工具箱由指针、图片框、标签、文本框、框架、命令按钮、复选框、单选按钮、组合框、列表框、水平滚动条、垂直滚动条、定时器、驱动器列表框、目录列表框、文件列表、形状控件、图像控件、数据控件、OLE容器等构成，功能丰富、直观易用，所见即所得的方式大大降低了学习成本，利于开发维护。VB 6.0因操作简单实用，自问世以来就受到程序员和编程爱好者的喜爱，其简洁高效的语法也为测绘地理信息桌面端软件开发提供了极大便利，是测绘地理信息行业编程爱好者必备的专业软件之一。

VB 6.0编程设计软件具有以下优点：

（1）语法简洁易懂，具有丰富的内置控件和组件。

VB 6.0采用了基于事件驱动的编程模型，其语法简洁易懂，学习曲线较为平缓。开发者可以通过简单的图形界面设计来创建用户界面，而无需编写复杂的代码。这使得更多的开发者可以快速上手并迅速开发功能丰富的应用程序。

同时，VB 6.0提供了丰富的内置控件和组件，开发者可以直接拖放这些

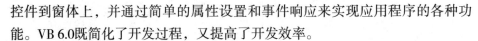

控件到窗体上，并通过简单的属性设置和事件响应来实现应用程序的各种功能。VB 6.0既简化了开发过程，又提高了开发效率。

（2）能提供可靠稳定的运行环境。

VB 6.0生成的应用程序可以在Windows操作系统上稳定运行。由于VB 6.0是在相对成熟稳定的Windows平台上进行开发的，与系统的集成性较高，所以生成的应用程序通常具有较高的稳定性和可靠性，能够满足企业级软件的运行需求。

（3）具有良好的兼容性和可移植性。

VB 6.0集成开发环境可以在Windows 98、Windows 2000、Windows 2003、Windows XP、Windows Vista、Windows 7至Windows 11等任一32位或64位的操作系统下流畅运行，开发的应用程序使用了Windows API和COM技术，可以与其他Windows应用程序无缝集成，并与其他编程语言（如C++、.NET等）开发的组件相互调用。这使得开发者可以在不同的开发环境下轻松地扩展和集成现有的应用程序，让VB 6.0生成的应用程序具有较好的兼容性。

此外，VB 6.0生成的应用程序还可以通过工具进行打包，方便在不同的计算机上部署和运行。

（4）具有丰富的库和资源。

VB 6.0内置了丰富的库和资源，如数据访问库、图形库、控件库等，开发者可以利用这些库和资源快速实现常见的功能和效果，提高开发效率。

此外，VB 6.0 还提供了丰富的开发文档、示例代码和社区支持，开发者可以通过这些资源来解决问题、学习新知识，并与其他开发者交流经验。

1.2　VB 6.0集成开发环境

VB 6.0集成开发环境包括菜单栏、工具栏、工程资源管理器窗口、属性窗口、窗体布局窗口、工具箱、窗体设计器、代码编辑器等，如图1-2-1所示。

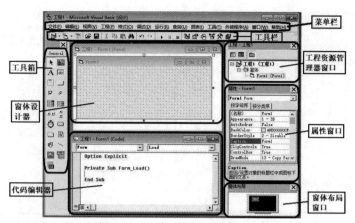

图1-2-1　VB 6.0集成开发环境

（1）菜单栏。

用鼠标单击或同时按Alt键加菜单项上相应字母键的方式可以打开菜单下拉项，选择对应功能进行程序开发。菜单栏包括"文件""编辑""视图""工程""格式""调试"等13个菜单项。

（2）工具栏。

工具栏提供VB 6.0常用功能的快捷访问，如"添加窗体""菜单编辑器""打开工程""保存工程""撤销""启动"等。可以在工具栏任意位置点击鼠标右键，通过"自定义"选项更改工具栏显示的功能项，如图1-2-2、图1-2-3所示。

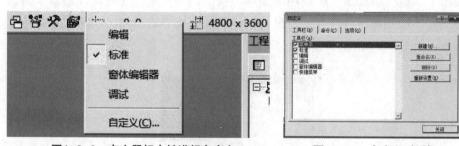

图1-2-2　点击鼠标右键进行自定义　　　　图1-2-3　自定义对话框

（3）工具箱。

工具箱一般位于集成开发环境左侧边栏，由多个默认内部控件的工具图标组成，单击图标可使用对应控件。当通过"工程"菜单项下的"部件"勾选添加控件时，添加的控件会显示在工具箱中便于调用，如图1-2-4、图1-2-5所示。

 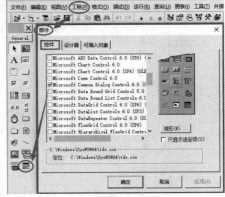

图1-2-4　工程菜单下拉项　　　图1-2-5　添加工具箱控件

（4）窗体设计器。

窗体是开发环境集成最主要的组成部分，每个窗体模块都包含事件过程，即代码部分，其中有为响应特定事件而执行的指令。窗体可包含控件。在窗体模块中的每个控件都有一个对应的事件过程集。除了事件过程，窗体模块还包含通用过程，它对来自任何事件过程的调用都有响应。

选择"视图"菜单下的"对象窗口"命令，或在工程资源管理器双击窗体图标，即可显示对应窗体的窗体设计器。

（5）工程资源管理器窗口。

工程资源管理器窗口默认位于集成开发环境右侧中上部工具栏下，窗口列出了当前应用程序中所使用的窗体、模块、类模块、环境设计器以及报表等内容，让开发者可以方便地进行窗体和类模块等的添加、删除或重命名等操作，如图1-2-6所示。

图1-2-6　工程资源管理器窗口

（6）代码编辑器。

代码编辑器即代码编辑窗口，用于输入应用程序的代码。工程中的每个窗体或代码模块都有一个代码编辑窗口，代码编辑窗口一般与窗体是一一对应的。标准模块或类模块只有代码编辑窗口，没有窗体部分。双击任意控件图标或窗体任意位置均可打开代码编辑窗口进行对应代码编辑。在代码编辑窗口顶部左侧下拉条列出了窗体或控件名称，右侧下拉条列出了事件名称，可通过选择窗体或控件以及编辑事件代码，完成相应功能。

代码编辑器如图1-2-7所示。

图1-2-7　代码编辑器

（7）属性窗口。

属性窗口用于显示或设置已经选定对象（如窗体、控件、类等)的各种属性名和属性值。用户可以在属性值文本框或下拉列表框中输入或选择属性值，并进行修改或设置。在属性窗口的属性描述区域中显示了当前所选定属性的具体意义，通过属性描述，用户可以快速了解属性的意义。

属性窗口如图1-2-8所示。

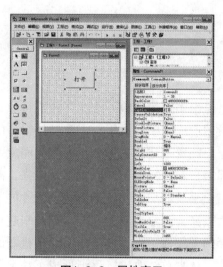

图1-2-8　属性窗口

（8）窗体布局窗口。

窗体布局窗口位于集成开发环境的右下角，主要用于指定程序运行时的初始位置，使所开发的程序能在各种不同分辨率的屏幕上正常运行，常用于多窗体的应用程序。

在窗体布局窗口中可以将所有可见的窗体都显示出来。当把光标放置到某个窗体上时，它改变为一个中心。在运行时，通过鼠标可以将窗体定位在希望它出现的地方。

在窗体布局窗口上单击鼠标右键，在弹出的快捷菜单中选择"分辨率向导"命令，可以设置不同的分辨率。

在要设置启动位置的窗体上单击鼠标右键，在弹出的快捷菜单中选择"启动位置"命令，可以将该窗体的启动位置设置为"手工""所有者中心""屏幕中心"或"Windows缺省"中的一种。

图1-2-9　窗体布局窗口

1.3　本书简介

本书是基于大量工程实践的经验总结。在测绘行业，从测量的外业数据到内业编辑整理，最后形成完整的成果，需要经过很多的中间步骤，这些中间步骤的每一步都需要耗费一定的人力、物力和时间成本。在早期，测绘项目的完成周期往往都很长。自21世纪计算机普及以来，测绘技术取得日新月异的发展，有了数字化手段的加持，各类算法、软件的不断改进，处理测绘数据的效率得到极大提高，测绘项目的完成周期越来越短。在长期的工程实践中，面对单调烦琐的重复性工作，在分析其原理机制的前提下，笔者通过大胆探索、反复实践、认真总结改进，逐渐形成了一套涵盖测量原始数据处理、中间环节计算和校核、内业编辑整理及成果输出优化的数据处理方法，并通过VB 6.0实现了计算机辅助成图、规范化成果输出和效率化归档整理。本书在关键知识点上均有说明，有助于读者理解掌握VB 6.0编程方法，为测绘一线工程技术人员和教学工作者提供参考借鉴，为对VB 6.0编程感兴趣的测绘人员提供实例指导，是一本很好的测绘编程入门图书。

本书第1章为概述，主要介绍VB 6.0的基本情况及VB 6.0集成开发环境。第2章主要介绍如何使用VB 6.0实现常见全站仪测量数据格式的标准化转换、常数修正以及与南方平差易数据格式之间的转换，以及常用数据的处理，方便读者理解各种数据格式，加深对测量原始数据的理解。第3章主要介绍如何使用VB 6.0实现对工程数据的处理，如测站计算、坐标变换、平曲线计算及GPS验算项数据搜索，有助于读者熟悉平面坐标、放样曲线坐标的计算和测站变换，明确各误差分量在GPS平差报告中的位置。第4章主要介绍如何使用VB 6.0实现对地籍数据的处理，如图斑错误文件转换、街坊点线文件处理、查lab文件重复点、查DAT文件重复点、lin文件处理、XY文件排序等，让读者对地籍入库和Auto CAD加载程序有初步了解。第5章主要介绍如何使用VB 6.0实现坐标计算，如单点坐标正反算、大地正反算、交会定点计算等，让读者对平面坐标、高斯坐标和交会定点的原理及计算有更深入的理解。第6章主要介绍如何使用VB 6.0实现分幅与编号计算，让读者加深对地图分幅编号的理解和掌握。第7章主要介绍如何使用VB 6.0实现文档处理，如Office文件批量处理、Excel文件批量处理、文本批量处理、批量打印设置，提高了文件、文档之间的转换和输出效率，规范了成果输出。第8章主要介绍如何使用VB 6.0的系统工具批量创建文件夹、对文件夹批量改名，有效提高了文档管理效率。第9章主要介绍如何使用VB 6.0实现图面整理，如散点精度检查、间距精度检查、高程点匹配检查、提取多段线拐点坐标，提高了数学精度检查的统计效率。第10章主要介绍如何使用VB 6.0进行档案整理，如台账信息核实匹配、根据图面注记修改档案文件夹名、照片按时间自动整理到文件夹、文件按名称自动整理到文件夹、提取名称自动创建文件夹并整理、批量图片生成文档，使读者对于数据表册、文件、图形、文档有更为宏观的认识，对于其相互间的转换处理积累一定的知识和经验。第11章主要介绍如何使用VB 6.0的实用工具，实现单测站碎部点计算和控制点单点校核，有助于读者提高测站数据检核的能力。

2 常用数据的处理

21世纪以来，测绘设备的发展进入一个全新的阶段，以全站仪为代表的智能化、数字化测绘仪器迅速普及，极大提高了地形地籍测绘的成图效率。从外业的测量记录到数据下载、转换，再到内业制图编辑，整个流程环环相扣。各全站仪厂商均推出了自己的数据记录格式和配套商用软件，但在工程实际中，并不能确保在数据下载和向标准展点格式转换的过程中不出错。本章将主要介绍如何使用VB 6.0对常用数据进行处理，将徕卡、拓普康、南方、宾得、瑞德等常见全站仪测量数据转换为南方CASS展点数据（DAT格式），以及对转换后的数据进行加常数修正及编码批量处理、KML格式坐标提取等常用数据处理，这将有助于读者理解格式转换的原理，以便在厂商配套软件格式转换异常的情况下，利用原始数据和编程快速实现数据的标准化转换。

2.1 徕卡格式转换

徕卡所有测量仪器均采用GSI（Geo Serial Interface，串行接口）数据格式。该数据格式有两种存储格式：8位字符的GSI-8格式和16位字符的GSI-16格式。本节将介绍如何使用VB 6.0将徕卡全站仪的测量数据（GSI-16 MASK2格式）转换为南方CASS展点数据（DAT格式）。

由于测量习惯的不同，有的测量人员习惯在外业测量时不输入编码，仅以点号记录数据，有的测量人员习惯在外业测量的每个点都输入编码以辅助内业制图，这两种方式会造成存储时徕卡GSI-16 MASK2的格式差异，编程时要注意区分。用记事本打开无编码的徕卡GSI-16 MASK2格式和有编码的徕卡GSI-16 MASK2格式，示例如下：

无编码的徕卡GSI-16 MASK2格式:

```
    *110001+0000000000000001 21.004+0000000006520210 22.004+
0000000008932000 31...0+0000000000051646 81...0+0000000000596934
82...0+0000000000571548 83...0+0000000000500733 87...0+0000000000001300
    *110002+0000000000000002 21.004+0000000006415480 22.004+
0000000008940520 31...0+0000000000048652 81...0+0000000000593825
82...0+0000000000571126 83...0+0000000000500583 87...0+0000000000001300
    *110003+0000000000000003 21.004+0000000010214570 22.004+
0000000008925500 31...0+0000000000047153 81...0+0000000000596077
82...0+0000000000539996 83...0+0000000000500781 87...0+0000000000001300
```

有编码的徕卡GSI-16 MASK2格式:

```
    *110001+0000000000000001 21.024+0000000027055060 22.024+
0000000008951080 31...0+0000000000270732 81...0+0000000250991594
82...0+0000000239195566 83...0+0000000000452756 87...0+0000000000001256
    *410002+000000000000000Z 42....+0000000000000000
43....+0000000000000000 44....+0000000000000000 45....+0000000000000000
46....+0000000000000000 47....+0000000000000000 48....+0000000000000000
49....+0000000000000000
    *110003+0000000000000002 21.024+0000000027022390 22.024+
0000000008952280 31...0+0000000000520844 81...0+0000000250741458
82...0+0000000239194660 83...0+0000000000453214 87...0+0000000000001256
    *110004+0000000000000003 21.024+0000000027016110 22.024+
0000000008952310 31...0+0000000000631553 81...0+0000000250630745
82...0+0000000239194201 83...0+0000000000453456 87...0+0000000000001256
    *410005+000000000000000DX 42....+0000000000000000 43....+
0000000000000000 44....+0000000000000000 45....+0000000000000000 46....+
0000000000000000 47....+0000000000000000 48....+0000000000000000 49....+
0000000000000000
```

要实现格式的转换,我们还需知道目标格式的组成,以下是南方CASS展点数据（DAT格式，编码中包含流水号）示例：

```
1, 1DXD, 250991.594, 239195.566, 452.756
2, 2Z, 250741.458, 239194.660, 453.214
3, 3Z, 250630.745, 239194.201, 453.456
4, 4DX, 250741.468, 239194.659, 453.256
```

南方CASS展点数据（DAT格式）以逗号作为分隔符，从左到右的5个数据依次表示点号、编码、东坐标Y、北坐标X、高程H。

找到对应徕卡全站仪的说明书，将原始记录中各部分代表的意义解析出来，见表2-1-1。

表2-1-1　徕卡GSI-16 MASK2格式解析

字索引	说明	示例
11	点号（包括块编号）	*110001+
21	水平度盘（HZ）	21.004+
22	垂直度盘（V）	22.004+
31	斜距	31...0+
41	编码号（包括块编号）	*410005+
81	目标点的东坐标	81...0+
82	目标点的北坐标	82...0+
83	目标点的高程	83...0+
87	棱镜高	87...0+

明确了原始格式和目标格式，程序设计就变得相对简单了。我们可以梳理一下设计思路：

（1）定义变量；

（2）打开原始数据文件；

（3）读取原始数据；

（4）将原始数据处理为目标格式；

（5）输出目标格式。

利用VB 6.0的控件箱，我们可以设计简洁的徕卡GSI-16 MASK2格式转换

DAT格式程序界面（图2-1-1），设计界面时应区分原始数据是否有编码，以便程序做出相应处理。

图2-1-1　徕卡GSI-16 MASK2格式转换DAT格式程序界面

程序定义变量、打开原始数据文件和读取原始数据的主要代码示例如下：

```
Option Base 1
Dim st1$( ), st2$( ), st3$( )
Private Sub Command2_Click( )
Dim i&, j&, k&, n&, h#, t&, n1&, n2&(1000000), n3&(1000000), h1#(1000000)
Dim n4&, n5&, n6&, n7&, n8&, n9&, sr3$, s1$, s2$, s3$, s4$ , str$(1000000)
Dim ptid&(30000), sr1$(1000000), sr2$(1000000), bm$(1000000), p&, yxds&
Dim bm1$(1000000), bm2$(1000000), y1#(1000000), x1#(1000000), Y#, X#
CommonDialog1.Filter = "徕卡GSI文件(*.GSI)|*.GSI"
CommonDialog1.ShowOpen
CommonDialog2.Filter = "南方DAT文件(*.DAT)|*.DAT"
Open CommonDialog1.FileName For Input As #1
CommonDialog2.ShowSave
Open CommonDialog2.FileName For Output As #2
s1 = ", "
n = 0
For i = 1 To 1000000     '获取文件长度n
   If EOF(1) = True Then
     Exit For
   End If
   Line Input #1, str(i)
```

```
    n = n + 1
Next
ReDim st1(n), st2(n), st3(n)
```

从以上代码可以看出，这里涉及多个VB 6.0程序设计的知识点。按钮单击（Click）事件是VB 6.0桌面应用程序中最常用的事件，当按钮被单击时触发该事件。变量方面，VB 6.0使用了字母变量和一维数组变量，由于数组变量的默认数组起始元素序号并不是1而是0，如str(5)默认数组元素为str(0) ~ str(4)，为了使数组元素与循环变量匹配，在程序最开始时就要对数组起始元素序号进行修改。"Option Base 1"即表示数组起始元素序号更改为1，这样数组元素就从str(0) ~ str(4)更改为str(1) ~ str(5)，在For循环中，变量的区间就从0 ~ 4变成了1 ~ 5；如果我们用n代表数组元素个数，那么默认情况下，循环变量应表达为0 ~ n–1，而使用"Option Base 1"语句后循环变量应表达为1 ~ n，这样更符合我们通常的使用习惯。程序中，测量点数的初始设置值为1000000，但实际中的测量点数可能远没有这么多，因此，可以用变量n来记录实际的测量点数，最后再使用ReDim语句对数组变量的大小按实际测量点数进行重新定义。

窗体上使用了通用控件箱中的Frame容器控件、OptionButton单选控件、CheckBox复选控件以及CommandButton按钮控件，它们有不同的用途和功能。除通用控件外，本例还使用了CommonDialog通用对话框控件，引用这个控件需要点击"工程"菜单下面的"部件(O)…"，打开部件对话框，在"控件"下面找到并勾选"Microsoft Common Dialog Control 6.0"进行控件加载，如图2-1-2、图2-1-3所示。

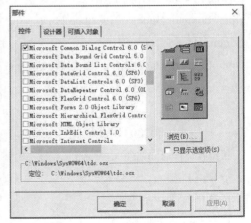

图2-1-2　工程菜单界面　　　　　　　图2-1-3　部件添加对话框

加载通用对话框控件"Microsoft Common Dialog Control 6.0"后，使用Filter语句设置默认加载文件类型，调用ShowOpen语句打开对话框时会显示默认的首个加载文件类型，不属于此后缀的文件将不会显示，如图2-1-4所示。

图2-1-4 打开文件对话框

示例代码中EOF(1) = True Then表示序号为1的文件到达文件末尾，该语句一般用于判别终止循环，提高程序运行效率。

将原始数据转换为目标格式并输出的主要代码示例如下：

```
If Option1.Value = True Then
    For i = 1 To n
        ptid(i) = Mid$(sr1(i), 9, 16)  '点号
        st1(i) = Mid$(str(i), 106, 15) 'Y坐标
        st2(i) = Mid$(str(i), 130, 15) 'X坐标
        st3(i) = Mid$(str(i), 160, 9)   '高程H
        Y = Val(st1(i)) / 1000#
        X = Val(st2(i)) / 1000#
        h = Val(st3(i)) / 1000#
        s2 = i & s1 & ptid(i) & s1 & Format$(Y, "#.000") & s1 & Format$(X, "#.000")
            & s1 & Format$(h, "#.000")
        Print #2, s2
    Next
End If
j = 1
k = 1
p = 1
If Option2.Value = True Then
```

```vb
For i = 1 To n
    If Len(str(i)) > 200 Then
    n6 = i      '第一个编码在原始GSI文件中所在行号为n6
    Exit For
    End If
Next
If n6 = 1 Then
'————文件第一行是编码行————
    For i = 1 To n
    n1 = Len(str(i))
    sr2(j) = Mid$(str(i), 9, 16)             '编码字段
    n5 = 1
    If n1 > 200 Then
        For t = 1 To 16
            sr3 = Mid$(sr2(j), n5, 1)
            If sr3 = "0" Then
                n5 = n5 + 1
            End If
            If sr3 <> "0" Then
            '从编码字段获取编码bm(j)
                bm(j) = Right$(sr2(j), 17 – n5)
            End If
        Next
    End If
    If n1 < 200 Then
        n4 = Len(str(i – 1))
        If n4 > 200 Then
        '数据行上一行是编码行
            j = j + 1
        End If
        If n4 < 200 Then
        '连续的数据行
            bm(j) = bm(j – 1)
```

```
            j = j + 1
         End If
      End If
   Next
End If
If n6 > 1 Then
'文件第一个编码行不在文件开头
   For i = 1 To n6 – 1
      bm(j) = "DXD"
      j = j + 1
   Next
   For i = n6 To n
      n1 = Len(str(i))
      n4 = Len(str(i – 1))
      sr2(j) = Mid$(str(i), 9, 16)          '编码字段
      n5 = 1
      If n1 > 200 Then
         For t = 1 To 16
            sr3 = Mid$(sr2(j), n5, 1)
            If sr3 = "0" Then
               n5 = n5 + 1
            End If
            If sr3 <> "0" Then
            '从编码字段获取编码bm(j)
               bm(j) = Right$(sr2(j), 17 – n5)
            End If
         Next
      End If
      If n1 < 200 Then
         If n4 > 200 Then
         '数据行上一行是编码行
            bm(j) = bm(j)
            j = j + 1
```

```vb
            End If
            If n4 < 200 Then
            '连续的数据行
                bm(j) = bm(j - 1)
                j = j + 1
            End If
        End If
    Next
End If
n8 = 1
For i = 1 To n
    If Len(str(i)) < 200 Then
    '数据行sr1(n8)
        sr1(n8) = str(i)
        ptid(n8) = Mid$(sr1(n8), 9, 16)        '点号
        st1(n8) = Mid$(sr1(n8), 106, 15)       'Y坐标
        st2(n8) = Mid$(sr1(n8), 130, 15)       'X坐标
        st3(n8) = Mid$(sr1(n8), 160, 9)        '高程H
        y1(n8) = Val(st1(n8)) / 1000#
        x1(n8) = Val(st2(n8)) / 1000#
        h1(n8) = Val(st3(n8)) / 1000#
        If (Not (y1(n8))) And (Not (x1(n8))) And (Not (h1(n8))) Then
            s3 = "***警告：存在三维坐标为零的点！***"
            Else: s3 = "---未发现三维坐标为零的点---"
        End If
        n8 = n8 + 1
    End If
Next
j = j - 1
n8 = n8 - 1
yxds = 0
    For i = 1 To n8
        If (y1(i)) Or (x1(i)) Or (h1(i)) Then
```

```
        yxds = yxds + 1              '有效点数
        s2 = yxds & s1 & ptid(i) & bm(i) & s1 & Format$(y1(i), "#.000") & s1 &
            Format$(x1(i), "#.000") & s1 & Format$(h1(i), "#.000")
        Print #2, s2
    End If
  Next
End If
Close #1
Close #2
s4 = s3 & Chr$(13) & Chr$(10) & "格式转换完毕！共有原始点" & n8 & "个，
    转换有效点" & yxds & "个，请检查转换后的DAT数据文件的正确性！"
MsgBox s4
End Sub
Private Sub Form_Load( )
'在屏幕中央显示窗体
Move (Screen.Width – Width) \ 2, (Screen.Height – Height) \ 2
End Sub
```

由以上代码可以看出，在徕卡格式转换为目标格式的过程中，由于编码是独占一行的，因此判断数据是否为编码行非常关键。另外，若测量过程出现错误，可能出现三维坐标为零的情况，因此对数据的合法性进行判断也是衡量程序是否完善的一个重要标志。

保存文件时，需要使用通用对话框控件的ShowSave方法，这个语句既可以写在程序开头位置，也可以写在即将调用的位置，只要在对应的Print语句之前使用都是可以的。Close语句用于关闭打开的文件，后面的#1、#2与前面的Open …… For …… As #1、Open …… For …… As #2相对应。

MsgBox s4语句用于程序提示，将弹出对话框显示提示的内容（本例为s4字符串），程序员可以在任意位置使用，便于判断程序是否达到预期结果。Private Sub Form_Load( )是窗体预加载项，即运行程序时对窗体显示位置、内容等进行控制，本例设置为在屏幕中央显示窗体，调用了屏幕的宽（Screen.Width）和高（Screen.Height）属性。

2.2 拓普康格式转换

拓普康全站仪有多种数据格式，本节以GTS–100测量数据格式为例，介绍如何使用VB 6.0将拓普康测量数据格式转换为南方CASS展点数据（DAT格式）。

拓普康全站仪GTS–100测量数据格式示例如下：

```
JOB        2009102904,
INST       GTS–100 Ver.1.30
UNITS      M, D
BS         GS03, 1.567
XYZ        373502.613, 3811637.070, 50.994
SS         1, 1.550,
XYZ        373512.084, 3811793.525, 51.041
SS         2, 1.550,
XYZ        373513.879, 3811833.911, 51.049
SS         3, 1.550,
XYZ        373514.077, 3811813.522, 51.009
SS         4, 1.550,
XYZ        373513.390, 3811795.503, 51.054
SS         5, 1.550,
XYZ        373511.747, 3811785.420, 50.956
SS         6, 1.550,
XYZ        373566.414, 3811822.987, 50.997
STN        6, 1.490,
XYZ        373502.644, 3811772.679, 50.982
STN        6, 1.490,
XYZ        373566.414, 3811822.987, 50.997
BS         GS06, 1.550
XYZ        373563.307, 3811904.141, 51.164
```

根据需要，设计拓普康GTS–100坐标数据格式转换DAT格式程序界面如

图2-2-1所示。由于拓普康全站仪的特点，在外业测量时有可能起始点号并不是1，因此，在将原始坐标数据转换为DAT格式时，可以通过程序设置点号为从1开始顺序增加，也可以在编码方式上设置为选择是否保留编码。

图2-2-1　拓普康GTS-100坐标数据格式转换DAT格式程序界面

将拓普康GTS-100测量坐标数据转换为南方CASS展点数据（DAT格式）的主要代码示例如下：

```
Dim sr1( ) As String, sr2( ) As String, sr3( ) As String, st1( ) As String
Dim a( ) As String, b( ) As String, dh( ) As String, bm( ) As String
Dim X( ) As Double, Y( ) As Double, z( ) As Double
Private Sub Command1_Click( )
Dim i&, j&, n&, n1&, n2&, n3&, n4&, n5&, n6&, s1$, s2$, s3$, s4$, s5$
Dim str(1000000) As String
CommonDialog1.Filter = "拓普康下载文件(*.txt)|*.txt|所有文件(*.*)|*.*"
CommonDialog1.ShowOpen
Open CommonDialog1.FileName For Input As #1
CommonDialog2.Filter = "CASS展点文件(*.dat)|*.dat"
CommonDialog2.ShowSave
Open CommonDialog2.FileName For Output As #2
n = 0
j = 1
s1 = ", "
s2 = "XYZ"
s3 = " "
For i = 1 To 1000000
    If EOF(1) = True Then
        Exit For
    End If
    Line Input #1, str(i)
    n = n + 1
```

```
Next
ReDim sr1(n), sr2(n), sr3(n)
For i = 1 To n
    sr1(i) = Left$(str(i), 3)
    If sr1(i) = s2 Then
        sr2(j) = str(i − 1)'如：SS            6, 1.550,
        sr3(j) = str(i)    '如：XYZ          373566.414, 3811822.987, 50.997
        j = j + 1            '记录坐标个数
    End If
Next
j = j − 1
ReDim dh(j), bm(j), X(j), Y(j), z(j), a(j), b(j), st1(j)
For i = 1 To j
    n1 = InStr(sr2(i), s3) − 1
    b(i) = Left$(sr2(i), n1)                 '编码
    If Option3.Value = True Then
        bm(i) = b(i)
    End If
    If Option4.Value = True Then
        bm(i) = " "
    End If
    n2 = InStr(sr2(i), s1) − 9
    a(i) = Mid$(sr2(i), 9, n2)               '点号
    If Option1.Value = True Then
        dh(i) = a(i)
    End If
    If Option2.Value = True Then
        dh(i) = i
    End If
    n3 = InStr(sr3(i), s1)
    Y(i) = Mid$(sr3(i), 9, n3 − 9)           '东坐标
    n4 = Len(sr3(i)) − n3
    st1(i) = Right$(sr3(i), n4)              '如：3811822.987, 50.997
```

```
    n5 = InStr(st1(i), s1)
    X(i) = Left$(st1(i), n5 - 1)              '北坐标
    n6 = Len(st1(i)) - n5
    z(i) = Right$(st1(i), n6)                 '高程
Next
For i = 1 To j
s4 = dh(i) & s1 & bm(i) & s1 & Format$(Y(i), "0.000") & s1 & Format$(X(i),
    "0.000") & s1 & Format$(z(i), "0.000")
    Print #2, s4
Next
Close #1
Close #2
s5 = "转换完毕！共转换点" & j & "个，请检查转换数据是否正确！"
MsgBox s5
End
End Sub
```

在本例中，我们同时采用了两种变量定义方式：一种如"X( ) As Double"，另一种如"s1$"，这两种都是有效的变量定义方式。"s1$"采用类型符"$"替代了描述字符"As String"，其等同于"s1 As String"。在VB 6.0中，常用的类型符与数据类型的对应关系见表2-2-1。

表2-2-1　VB 6.0常用类型符与数据类型对照表

类型符	数据类型	关键字	存储大小（字节）
%	整型	Integer	2
&	长整型	Long	4
!	单精度型	Single	4
#	双精度型	Double	8
$	字符型	String	字符串
@	货币型	Currency	8

对于打开文件对话框中预设多种文件类型的，用"|"予以分隔，当考虑可能有多种文件类型但不确定后缀名时，我们使用"所有文件(*.*)|*.*""来表

达，这里的"*.*"就代表了所有文件类型。

转换结果示例如下：

```
GS03, BS, 373502.613, 3811637.070, 50.994
1, SS, 373512.084, 3811793.525, 51.041
2, SS, 373513.879, 3811833.911, 51.049
3, SS, 373514.077, 3811813.522, 51.009
4, SS, 373513.390, 3811795.503, 51.054
5, SS, 373511.747, 3811785.420, 50.956
6, SS, 373566.414, 3811822.987, 50.997
6, STN, 373502.644, 3811772.679, 50.982
6, STN, 373566.414, 3811822.987, 50.997
GS06, BS, 373563.307, 3811904.141, 51.164
```

2.3 南方格式转换

南方全站仪的测量数据格式根据仪器的不同有所区别，本节重点介绍南方NTS960型全站仪、南方NTS305B型全站仪测量数据格式转换为南方CASS展点数据（DAT格式）的方法。

南方NTS960型全站仪测量数据格式示例如下：

```
1, 35534462.764, 3378167.976, 532.447, SG
2, 35536330.853, 3381905.276, 535.563, DK
```

不难发现，该格式与南方CASS展点数据（DAT格式）的区别只在于编码的位置顺序不同，该格式编码在数据最末项，而南方CASS展点数据（DAT格式）的编码在数据的第2项。这样，只需程序读取原始数据，调整输出数据的顺序即可完成转换。

由于南方NTS960型全站仪可能会出现异常情况，导致数据转换处理困难。本节示例采用了中间环节处理的方法，即先整理原始数据格式，再通过人工检查并完善数据格式，最后生成DAT文件。这里只提供一种解决思路，读者可借此进行更深入的研究。

南方NTS305B型全站仪测量数据格式示例如下：

```
_'SH1_(KZD_)1.265_+SS_
U+0UUU7584+01000000+02817594m+0000000d096_*HS_, 1.400_+1_
U+01067581+00999989+02817594m+3595926d098_*XY_, 10037.400_+2_
U+00915000+01061124+02813425m+144164UUUUU_*KZD_, 1.400_+3_
U+00895982+01068801+02812844m+1463105d104_*L_, 1.400_+4_
U+008107382727+01073812+02812843m+1474849d103_*F_, 1.400_+5_
U+00878704+0UUUUUUU02812719m+1482048d104_*F_, 1.400_+6_
U+00880331+01080735+020562813598m+1455939d111_*F_, 1.400_+7_
U+00878192+01083569+02813141m
```

在工程应用中，经常会使用南方平差易数据（PA格式）。下面将介绍南方平差易数据（PA格式）与南方CASS展点数据（DAT格式）相互转换的方法。根据需要，设计南方格式转换程序界面如图2-3-1所示。

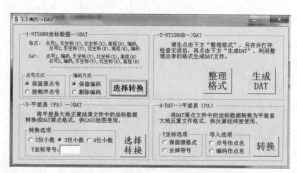

图2-3-1　南方格式转换程序界面

南方平差易数据（PA格式）大地正算结果文件数据格式示例如下：

```
[EARTHKNOWNDATA]
1, 30.312345, 105.213267,
2, 30.332461, 105.224321,
[EARTHUNKNOWNDATA]
1, 3378167.976243, 534462.764300,
2, 3381905.275519, 536330.853101,
```

　　由以上示例可以看出，该数据格式中包含经纬度数据和解算完成的平面坐标数据，用程序提取其中的平面坐标数据制作成南方CASS展点数据（DAT格式）即可；原始数据文件中没有的编码和高程两项可以赋值为空。

　　将南方NTS305B型全站仪测量数据转换为南方CASS展点数据（DAT格式）的主要代码示例如下：

```
Private Sub Command4_Click( )
nn1 = 0        '数据文件行数
ss1 = " "
ss2 = ","
ss3 = "_"
For i = 1 To 9999
   If EOF(3) = True Then
     Exit For
   End If
   Line Input #3, s101(i)
    nn1 = nn1 + 1
Next
For i = 1 To nn1
'连接数据文件的字符
   ss1 = ss1 & s101(i)
Next
nn2 = Len(ss1)        '数据文件长度
ss7 = " "
For i = 10 To nn2
'判断" "出现位置
   ss8 = Mid$(ss1, i, 1)
   If ss8 = ss7 Then
     sr1 = Left$(ss1, i – 7)
     sr2 = Right$(ss1, Len(ss1) – i)
     ss1 = sr1 & sr2
   End If
Next
nn2 = Len(ss1)
```

```
j = 1
For i = 1 To nn2
'判断逗号出现位置
    ss4 = Mid$(ss1, i, 1)
    If ss4 = ss2 Then
        n1(j) = i
        j = j + 1
    End If
Next
j = j - 1        '逗号个数，即测量点的个数
k = 1
For i = 1 To nn2 - 2
'判断下划线出现位置
    ss5 = Mid$(ss1, i, 1)
    If ss5 = ss3 Then
        n2(k) = i
        k = k + 1
    End If
Next
k = k - 1        '下划线个数
n3(0) = 1
m = 1
For i = 1 To j
'获取各点分界位置
    For p = 1 To k
        If n2(p) > n1(i) Then
            n3(m) = n2(p) + 2
            m = m + 1
            Exit For
        End If
    Next
Next
m = m - 1
```

```
For i = 1 To j
    n4(i) = n3(i) – n3(i – 1)        '每个测量点的字符长度
Next
For i = 1 To j
    ss6(i) = Mid$(ss1, n3(i – 1), n4(i))
Next
For i = 1 To j
    Print #4, ss6(i)
Next
MsgBox "转换完毕！"
End Sub
Private Sub Command5_Click( )
n1 = 0
For i = 1 To 9999
    If EOF(5) = True Then
        Exit For
    End If
    Line Input #5, s1(i)
    n1 = n1 + 1
Next
s2 = "_"
s3 = "*"
s4 = ","
s5 = "+"
'1_ U+10002296+10002413+00499850m+0462509d098_*FJ_,1.300_+
For i = 1 To n1
    n2 = InStr(s1(i), s2) – 1
    n3 = InStr(s1(i), s3) + 1
    n4 = InStr(s1(i), s4) – n3 – 1
    n5 = InStr(s1(i), s5) + 1
    n6 = InStr(s1(i), s5) + 10
    n7 = InStr(s1(i), s5) + 19
    dh(i) = Left$(s1(i), n2)
```

```
    bm(i) = Mid$(s1(i), n3, n4)
    Y(i) = Val(Mid$(s1(i), n6, 8)) / 1000#
    X(i) = Val(Mid$(s1(i), n5, 8)) / 1000#
    z(i) = Val(Mid$(s1(i), n7, 8)) / 1000#
Next
For i = 1 To n1
    s6 = dh(i) & s4 & bm(i) & s4 & Format$(Y(i), "0.000") & s4 & Format$(X(i),
        "0.000") & s4 & Format$(z(i), "0.000")
    Print #6, s6
Next
MsgBox "DAT文件已生成！"
Unload Me
End Sub
```

注意，此处使用了Unload Me语句，其中Unload表示卸载的意思，Me指代本窗体，意思即卸载本窗体。该语句一般用于程序结束时，其作用就是在运行完程序后让程序窗口自动卸载，这样就避免了使用完程序后还要去点击程序主界面上的关闭窗口进行关闭，节约了时间。

将南方平差易数据（PA格式）转换为南方CASS展点数据（DAT格式）的主要代码示例如下：

```
Private Sub Command7_Click( )
n = 0
s1 = ", "
For i = 1 To 9999
    If EOF(7) = True Then
        Exit For
    End If
    Line Input #7, a(i)
    n = n + 1
    If a(i) = "[EARTHUNKNOWNDATA]" Then
        n1 = i + 1
    End If
```

```
Next
k = 0
For i = n1 To n
  k = k + 1
  n2 = InStr(a(i), s1) + 1
  n3 = Len(a(i)) − n2
  s2 = Mid$(a(i), n2, n3)
  n4 = InStr(s2, s1)
  b(k) = Left$(a(i), n2 − 2)
  c(k) = Val(Left$(s2, n4 − 1))
  d(k) = Val(Right$(s2, Len(s2) − n4)) + Val(Text1.Text) * 1000000
  If Option5.Value = True Then
    XX(k) = Format$(c(k), "0.00")
    YY(k) = Format$(d(k), "0.00")
  End If
  If Option6.Value = True Then
    XX(k) = Format$(c(k), "0.000")
    YY(k) = Format$(d(k), "0.000")
  End If
  If Option7.Value = True Then
    XX(k) = Format$(c(k), "0.0000")
    YY(k) = Format$(d(k), "0.0000")
  End If
Next
For j = 1 To k
  s3 = b(j) & s1 & b(j) & s1 & YY(j) & s1 & XX(j) & s1
  Print #8, s3
Next
s4 = "转换完毕！共转换坐标点 " & k & " 个，请检查！"
MsgBox s4
End Sub
```

将南方CASS展点数据（DAT格式）转换为南方平差易软件的大地反算数

据（PA格式）的主要代码示例如下：

```
Private Sub Command9_Click( )
n = 0
s1 = ", "
s2 = "[EARTHKNOWNDATA]"
s3 = "[EARTHUNKNOWNDATA]"
For i = 1 To 9999
    If EOF(9) = True Then
        Exit For
    End If
    Input #9, a(i, 1), a(i, 2), a(i, 3), a(i, 4), a(i, 5)
    X(i) = Format(Val(a(i, 4)), "0.0000")
    If Option8.Value = True Then
    '无带号保留源格式
        Y(i) = Format(a(i, 3), "0.0000")
    End If
    If Option9.Value = True Then
    '有带号去掉带号
        Y(i) = Format(Val(a(i, 3)) − Val(Left(a(i, 3), 2)) * 1000000, "0.0000")
    End If
    If Option10.Value = True Then
    '点号作导入点名
        dm(i) = a(i, 1)
    End If
    If Option11.Value = True Then
    '编码作导入点名
        dm(i) = a(i, 2)
    End If
    n = n + 1
Next
Print #10, s2
For i = 1 To n
    s4 = dm(i) & s1 & X(i) & s1 & Y(i) & s1
```

```
    Print #10, s4
Next
Print #10, s3
s5 = "转换完毕！共转换坐标点 " & n & " 个，请检查！"
MsgBox s5
End Sub
```

将南方NTS960型全站仪测量数据转换为南方CASS展点数据（DAT格式）的主要代码示例如下：

```
Private Sub Command2_Click( )
n = 0
s1 = ", "
For i = 1 To 99999
    If EOF(1) = True Then
        Exit For
    End If
    Input #1, a(i), Y(i), X(i), z(i), c(i)
    If Option1.Value = True Then
        dh(i) = a(i)
    End If
    If Option2.Value = True Then
        dh(i) = i
    End If
    If Option3.Value = True Then
        bm(i) = c(i)
    End If
    If Option4.Value = True Then
        bm(i) = " "
    End If
    n = n + 1
Next
For i = 1 To n
    s3 = dh(i) & s1 & bm(i) & s1 & Format$(Y(i), "0.000") & s1 & Format$(X(i),
```

```
    "0.000") & s1 & Format$(z(i), "0.000")
  Print #2, s3
Next
s2 = "转换完毕！共转换点" & n & "个，请检查转换数据是否正确！"
MsgBox s2
End
End Sub
```

在进行南方平差易数据（PA格式）与南方CASS展点数据（DAT格式）的转换时，要特别注意南方CASS展点数据（DAT格式）中的东坐标Y是否包含带号，因为解算南方平差易数据（PA格式）时原始数据文件中的值是不能添加带号的，否则会出错。这里也涉及文本框数据的获取，若需要使用文本框中的数值，应使用类似Val(Text1.Text)进行取值，确保数据类型一致。

将上述南方NTS305B型全站仪测量数据进行整理后，转换生成的南方CASS展点数据（DAT格式）示例如下：

```
, HS, 0.000, 0.000, 0.000
1, XY, 999.989, 1067.581, 2817.594
2, KZD, 1061.124, 915.000, 2813.425
3, L, 1068.801, 895.982, 2812.844
4, F, 1073.812, 882.727, 2812.843
5, F, 0.000, 878.704, 2812.719
6, F, 1080.735, 880.331, 2813.598
```

将上述南方平差易数据（PA格式）中的大地正算结果文件进行转换，生成的南方CASS展点数据（DAT格式）示例如下：

```
1, 1, 35534462.764, 3378167.976,
2, 2, 35536330.853, 3381905.276,
```

使用南方CASS展点数据（DAT格式）生成大地反算用的平差易数据（PA格式）时，有效数据仅为编码、东坐标Y、北坐标X，将这3项从DAT文件中提取出来，在大地反算数据中加入"[EARTHKNOWNDATA]"和"[EARTHUNKNOWNDATA]"等特征字符串，即可形成大地反算用的平差易数据（PA格式）。

2.4 宾得格式转换

本节主要介绍如何使用VB 6.0将宾得全站仪的测量数据格式转换为南方CASS展点数据（DAT格式）。根据需要设计宾得全站仪数据格式转换程序，界面如图2-4-1所示。

图2-4-1 宾得全站仪数据格式转换程序界面

用记事本打开宾得全站仪的测量数据文件，其格式示例如下：

```
00062:S3:+00000006.651:+00000017.974:-00000000.118:
00072:S4:+00000005.367:+00000015.325:-00000000.034:
00082:S5:+00000007.704:+00000011.639:-00000000.585:
00092:S6:+00000012.963:+00000004.545:-00000000.543:
00102:S7:+00000011.571:+00000005.070:-00000006.501:
00112:S8:+00000010.296:+00000003.143:-00000006.306:
```

不难看出，该数据格式与南方CASS展点数据（DAT格式）的主要区别在于分隔符不同，X、Y坐标的位置有所不同。取出其中每项的值做标准化处理，再调整输出项的顺序，加上分隔符就可以实现向南方CASS展点数据（DAT格式）的转换。

定义变量、打开宾得全站仪测量数据文件并记录到变量中的主要代码示例如下：

```
Option Base 1
Dim sr1$( ), sr2$( ), sr3$( ), st1$( ), st2$( ), st3$( ), dh$( ), bm$( ), X$( ), Y$( ), z$( )
Private Sub Command2_Click( )
```

```
s1 = ", "
s2 = ":"
n = 0
For i = 1 To 1000000      '获取文件长度n
    If EOF(1) = True Then
        Exit For
    End If
    Line Input #1, str(i)
    n = n + 1
Next
ReDim st1(n), st2(n), st3(n), sr1(n), sr2(n), sr3(n), dh(n), bm(n), X(n), Y(n), z(n)
```

使用VB 6.0进行测绘程序设计时，常常会因为无法确定初始数组的大小而将其定义为可变长度数组，如sr1$( )，即数组的括号中不指定明确的值。但是在读取数据文件后，数组的大小往往是可以确定的，如本例中的n就是为了确定数组大小而设定的变量。当数组大小确定后，就可以通过重定义数组来固定数组的大小，减少使用循环时的额外开销，这时使用到的命令是ReDim。当有多个数组需要定义时，数组之间用逗号分隔，如本例中的ReDim st1(n)，st2(n)，…，z(n)。

分析宾得全站仪测量数据格式并将其转换为南方CASS展点数据（DAT格式）的主要代码示例如下：

```
For i = 1 To n
    n1 = InStr(str(i), s2)
    dh(i) = Left$(str(i), n1 – 1)      '点号
    n2 = Len(str(i)) – n1              'str(i)例子：00192:S16:-00000046.626:
+00000042.311:-00000000.818:
    st1(i) = Right$(str(i), n2)        'st1(i)例子：S16:-00000046.626:+
00000042.311:-00000000.818:
    n3 = InStr(st1(i), s2) – 1
    n4 = Len(st1(i)) – n3 – 1
    bm(i) = Left$(st1(i), n3)          '编码
    st2(i) = Right$(st1(i), n4)        'XYZ字符串    st2(i)例子：-00000046.626:+
```

00000042.311:–00000000.818:

```
    n5 = InStr(st2(i), s2) – 1
    n6 = Len(st2(i)) – n5 – 1
    st3(i) = Right$(st2(i), n6)          'YZ字符串   st3(i)例子：+00000042.311:–
00000000.818:
    n7 = InStr(st3(i), s2) – 1
    n8 = Len(st3(i)) – n7 – 2
    sr1(i) = Left$(st2(i), n5)                'sr1(i)例子：–00000046.626
    sr2(i) = Left$(st3(i), n7)                'sr2(i)例子：+00000042.311
    sr3(i) = Mid$(st3(i), n7 + 2, n8)'sr3(i)例子：–00000000.818
    X(i) = Val(sr1(i))                'X坐标值   例子：–46.626
    Y(i) = Val(sr2(i))                'Y坐标值   例子：+42.311
    z(i) = Val(sr3(i))                'Z坐标值   例子：–0.818
Next
For i = 1 To n
    s3 = i & s1 & bm(i) & s1 & Format(Y(i), "0.000") & s1 & Format(X(i), "0.000")
& s1 & Format(z(i), "0.000")
    Print #2, s3
Next
s4 = "格式转换完毕！共转换点" & n & "个，请检查转换后的DAT数据文件
的正确性！"
MsgBox s4
End
End Sub
```

程序运行后的转换结果示例如下：

```
    1, S3, 17.974, 6.651, –0.118
    2, S4, 15.325, 5.367, –0.034
    3, S5, 11.639, 7.704, –0.585
    4, S6, 4.545, 12.963, –0.543
    5, S7, 5.070, 11.571, –6.501
    6, S8, 3.143, 10.296, –6.306
```

2.5 瑞德格式转换

本节主要介绍如何利用VB 6.0将瑞德的入库NOT数据文件格式转换为南方CASS展点数据（DAT格式）。根据需要设计瑞德入库NOT数据文件格式转换程序，界面如图2-5-1所示。

图2-5-1 瑞德入库NOT数据文件格式转换程序界面

打开瑞德入库NOT数据文件并读取数据的主要代码示例如下：

```
Private Sub Command2_Click( )
CommonDialog2.Filter = "南方DAT文件(*.DAT)|*.DAT"
Open CommonDialog1.FileName For Input As #1
CommonDialog2.ShowSave
Open CommonDialog2.FileName For Output As #2
s1 = "!"
s2 = ","
If Option2.Value = True Then
    Line Input #1, str
    n = Len(str)
    m1 = 0    '高程点总数
    For i = 1 To n
        s3 = Mid$(str, i, 1)
        If s3 = s1 Then
            m1 = m1 + 1
            n1(m1) = i
        End If
    Next
    For i = 1 To m1
        sr1(i) = Mid$(str, n1(i), 112)
```

```
    sr2(i) = Right$(sr1(i), 32)
Next
```

在程序设计过程中，我们很多时候需要考虑数据的合法性。如本例中，如果出现重复注记，应该删除重复点。解决的思路是，先通过查找将重复注记赋空值，然后再通过一次循环剔除空值，变量中只记录有效值，这样就避免了非法数据的出现。

剔除瑞德入库NOT数据文件中重复点并将数据转换为南方CASS展点数据（DAT格式）的主要代码示例如下：

```
For i = 1 To m1 - 1
'查找重复注记并赋空值
    For j = i + 1 To m1
        If sr2(i) = sr2(j) Then
            sr2(j) = " "
        End If
    Next
Next
m2 = 0    '无重复高程点总数
For i = 1 To m1
'剔除重复注记
    If sr2(i) <> " " Then
        m2 = m2 + 1
        sr3(m2) = sr2(i)
    End If
Next
m3 = m1 - m2    '剔除高程点总数
For i = 1 To m2
    X(i) = Left$(sr3(i), 11)
    Y(i) = Mid$(sr3(i), 15, 10)
    h(i) = Mid$(sr3(i), 26, 6)
    s4(i) = i & s2 & s2 & Format$(Y(i), "0.000") & s2 & Format$(X(i), "0.000") &
s2 & Format$(h(i), "0.00")
```

```
    Next
    For i = 1 To m2
        Print #2, s4(i)
    Next
    s5 = "转换完毕！原文件高程点总数 " & m1 & " 个，发现并剔除重复高程
点 " & m3 & " 个，实际有效高程点 " & m2 & " 个。"
    MsgBox s5
End If
s6 = "高程注记"
End Sub
```

通过上述实例可以看出，在处理文件时，CommonDialog通用对话框和Open语句的使用较普遍。但是仔细观察就会发现，CommonDialog通用对话框控件并不在默认工具箱中，需要手动进行添加后使用，添加的方法如图1-2-4、图1-2-5所示。用Open方法调用通用对话框时，Input表示从选择的文件打开进行输入，而Output表示从选择的文件打开进行输出。

2.6　坐标修正

在工程应用中，外业为了提高全站仪的测图效率，可以采取省略几个坐标高位的方法输入已知点坐标，但在内业制图时又往往需要完整的真实坐标，因此在数据下载后，需要对下载的数据进行坐标的加常数修正。基于这个目的，本节主要介绍如何使用VB 6.0直接对南方CASS展点数据（DAT格式）中的坐标值（X,Y,H）进行批量化加常数修正。同时，程序还设计了去除编码中的流水号，或者将没有流水号的编码赋上流水号等操作。根据需要设计坐标修正程序，界面如图2-6-1所示。

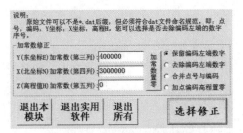

图2-6-1　坐标修正程序界面

打开南方CASS展点数据（DAT格式）的主要代码示例如下：

```
Private Sub Command2_Click( )
Y = Val(Text1.Text)
X = Val(Text2.Text)
h = Val(Text3.Text)
s1 = ", "
For i = 1 To 100000
  If EOF(1) = True Then
    Exit For
  End If
  Input #1, s11, s12, s13, s14, s15
  s21 = s11
  n = Len(s12)
  k = 1
  For j = 1 To n
    sr = Mid$(s12, j, 1)
    If sr = "0" Or sr = "1" Or sr = "2" Or sr = "3" Or sr = "4" Or sr = "5" Or sr =
"6" Or sr = "7" Or sr = "8" Or sr = "9" Then
      k = k + 1
    Else: Exit For
    End If
  Next
```

本例中使用了与之前不同的方法读取数据，即采用Input语句读取数据而不是Line Input语句，这主要是因为原始数据不同。当原始数据格式比较固定时，如本例中的原始数据为格式固定的DAT数据，每行都是"点号，编码，Y

坐标，X坐标，高程"，这种情况下不需要对每行的字符串进行分析，可以直接按记录的顺序赋予相应的变量，得到某类数据。而使用Line Input语句往往是在原始数据格式不固定的情况下，需要对每行的字符串进行解析，才能获得相应的目标数据。

分析读取的数据并进行坐标加常数修正的主要代码示例如下：

```
If k > n Then
    s22 = s12
    Else: s22 = Mid$(s12, k, n - k + 1)
End If
s23 = Val(s13) + Y
s24 = Val(s14) + X
s25 = Val(s15) + h
If Option1.Value = True Then
    s32 = s12
End If
If Option2.Value = True Then
    s32 = s22
End If
If Option3.Value = True Then
    If s12 = " " Then
        s32 = s11 & "ZZ"
        Else: s32 = s11 & s12
    End If
End If
s2 = s21 & s1 & s32 & s1 & Format$(s23, "0.000") & s1 & Format$(s24,
"0.000") & s1 & Format$(s25, "0.000")
    Print #2, s2
Next
MsgBox "修正完成！请检查转换后的数据是否符合要求！"
End Sub
```

本例中使用的Format$( )函数在测绘程序中使用得比较普遍，该函数的作用是设置输出或显示数据的小数位，如本例中的Format$(s23, "0.000")就表示将数值s23设置为3位小数。在输出到文件时，该函数一般用在Print语句前，用于文本框显示时，一般表示为Text1.text = Format$(s23, "0.000")。

2.7 提取KML坐标

KML文件是由Google旗下的Keyhole公司开发和维护的一种基于XML的标记语言，用于描述地理空间数据。KML文件能够详细地表达地理信息，如点、线、面、多边形和3D模型等，非常适合在网络环境中进行地理信息的协作与共享。KML文件因其丰富的地理数据表达能力被广泛应用于地图制作、导航系统、地理信息系统（GIS）等领域。在需要快速获取KML文件中特定地理要素的拐点坐标时，对KML文件的解析显得尤为重要。基于这个需求，我们对KML文件进行了解读分析，并希望通过程序快速获取所需的坐标信息。

我们计划提取KML文件中的经纬度坐标转换为WGS-84坐标，并在程序运行结束后显示路线拐点数、总长度、海拔限值。为便于使用，我们做以下设计：生成的坐标可选择保存为南方CASS展点数据文件（DAT格式）、AutoCAD脚本文件（SCR格式）和Excel办公文件（XLS格式），均保留4位小数，程序界面及Excel办公文件显示3位小数。设计提取KML坐标的程序，界面如图2-7-1所示。

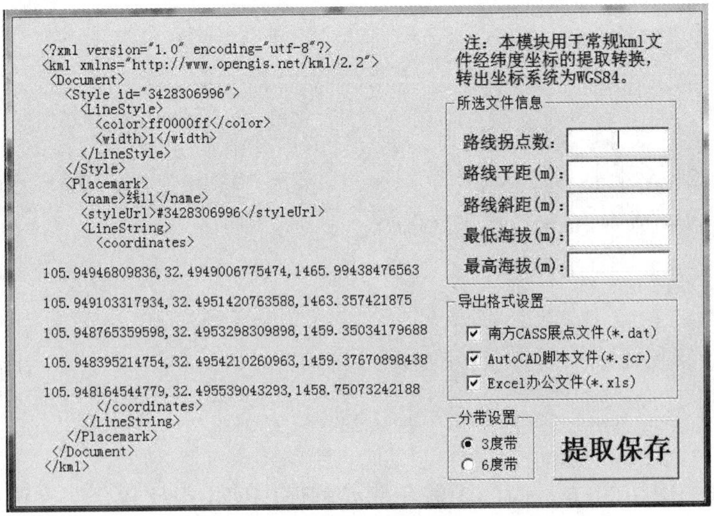

图2-7-1 提取KML坐标的程序界面

打开KML文件并读取数据的主要代码示例如下：

```
Private Sub Command1_Click( )
'提取91卫图KML文件经纬度并生成WGS–84坐标的DAT、SCR、XLS文件
    t1 = 0: t2 = 0: k = 0: str = " "
    fn = Left(CommonDialog1.FileName, Len(CommonDialog1.FileName) – 4)
    If Option1.Value = True Then
        fd = 3  '3度带
    End If
    If Option2.Value = True Then
        fd = 6  '6度带
    End If
    For i = 1 To 99999
        If EOF(1) = True Then
            Exit For
        End If
        Line Input #1, s3
        str = str & s3
    Next
    n1 = InStr(str, "<coordinates>") + 15
    n2 = InStr(str, "</coordinates>") – 5
    sr = Mid(str, n1, n2 – n1) 'sr即所有坐标字符串
    n3 = Len(sr)                '坐标字符串总长度
```

本例中，KML文件记录拐点坐标的字符串之前有标识字符串"<coordinates>"，记录拐点坐标的字符串之后有标识字符串"</coordinates>"。这两个标识字符串在KML文件中是唯一的，利用这一特性，我们可以编程去查找这两个标识字符串的位置，从而将坐标字符串提取出来。上述程序段示例了坐标字符串sr的提取，用InStr(字符串，判断字串)函数分别返回两个标识字符串出现的位置，由于其返回的是判断字符串首字符出现的位置，因此变量n1获取时加15和变量n2获取时减5是为了绕开其他无关字符，这样就过滤得到了完整的坐标字符串，再通过Mid(字符串，起始位置，字串长度)函数将这个坐标字符串提取到变量sr中。

通过分析读取的数据分离出多段线拐点经纬度、坐标值的主要代码示例如下：

```
For i = 1 To n3 – 1
    If Mid(sr, i, 1) = " " And Mid(sr, i + 1, 1) <> " " Then
    '坐标字符串起始位置n4(t1)
        t1 = t1 + 1
        n4(t1) = i + 1
    End If
    If Mid(sr, i, 1) <> " " And Mid(sr, i + 1, 1) = " " Then
    '坐标字符串结束位置n5(t2)
        t2 = t2 + 1
        n5(t2) = i + 1
    End If
Next
If t1 = t2 Then
    n = t1
    For i = 1 To n                    '坐标字符串长度n6
        n6(i) = n5(i) – n4(i)
        st(i) = Mid(sr, n4(i), n6(i))  '每个st即一个坐标拐点字符串
    Next
End If
Text1.Text = n
ReDim L(n), b(n), h(n), X(n), Y(n)
For i = 1 To n
    k = k + 1
    s1( ) = Split(st(i), ", ")        '每个s1即一个坐标分量，起始值0
    L(k) = sjzdhdfm(Val(s1(0)))
    b(k) = sjzdhdfm(Val(s1(1)))
    h(k) = Val((s1(2)))
    X(k) = ddzsx(3, fd, b(k), L(k))
    Y(k) = ddzsy(3, fd, b(k), L(k))
Next
minh = h(1): maxh = h(1)
```

上述程序段演示了如何从总的坐标字符串sr分离出每个坐标拐点的字符串st( )。分析总的坐标字符串，可以发现其格式相对固定，每行一个坐标点，每点按经度、纬度、高程的顺序记录，这样我们就可以通过判断每行数据的起始位置和结束位置，将每行坐标拐点字符串分离出来，形成每个坐标拐点的字符串。上述判断起始位置的方法是：逐一判断总字符串的每个字符，如果当前字符为空，而后一个字符不为空，则后一个不为空的字符就是坐标拐点的起始字符串。这一点很好理解，因为每个拐点末尾到下一个拐点开头都有一个换行符，而这个换行符在用程序识别的时候就表现为空字符，且空字符（换行符）的下一个字符无疑就是下一行的起始字符，也就是下一个点的起始位置了。

在分离出每个坐标拐点字符串st( )后，可以发现每个坐标分量之间是以逗号分隔的，我们正好可以利用这个特征用Split( )函数进行字符串分割，得到每个坐标分量的字符串，最后用val( )函数将各坐标分量字符串转换为数值。

从获取的KML数据中分析比对得到海拔极值，计算出路线平距、斜距，并将数据输出为南方CASS展点数据（DAT格式）、AutoCAD脚本的SCR格式的主要代码示例如下：

```
For i = 2 To n
  If h(i) < minh Then
    minh = h(i)
  End If
  If h(i) > maxh Then
    maxh = h(i)
  End If
  Next
Text4.Text = Format(minh, "0.000")        '最低海拔
Text5.Text = Format(maxh, "0.000")        '最高海拔
pj = 0#: xj = 0#
For i = 1 To n – 1
  pj = pj + Format(Sqr((X(i) – X(i + 1)) ^ 2 + (Y(i) – Y(i + 1)) ^ 2), "0.0000")
  xj = xj + Format(Sqr((X(i) – X(i + 1)) ^ 2 + (Y(i) – Y(i + 1)) ^ 2 + (h(i) – h(i + 1)) ^
2), "0.0000")
Next
```

```
Text2.Text = Format(pj, "0.000")            '路线平距
Text3.Text = Format(xj, "0.000")            '路线斜距
If Check1.Value = 1 Then
'输出dat文件
  CommonDialog2.FileName = fn & ".dat"
  Open CommonDialog2.FileName For Output As #2
  For i = 1 To k
    s2 = i & ", " & i & ", " & Format(Y(i), "0.0000") & ", " & Format(X(i),
"0.0000") & ", " & Format(h(i), "0.0000")
    Print #2, s2
  Next
  MsgBox "完毕！CASS展点坐标数据已写入源文件目录下同名dat文件，请
检查！"
End If
If Check2.Value = 1 Then
'输出scr文件
  CommonDialog3.FileName = fn & ".scr"
  Open CommonDialog3.FileName For Append As #3
  Print #3, "PLINE"
  For i = 1 To k
    s2 = Format(Y(i), "0.0000") & ", " & Format(X(i), "0.0000")
    Print #3, s2
  Next
  Print #3, "END"
  MsgBox "完毕！scr坐标数据已写入源文件目录下同名scr文件，请在
AutoCAD命令行输入script加载本文件后按下空格键查看图形！"
End If
```

　　注意在利用程序打开输出文件时使用了Append模式，与Output模式不同的是，Append模式允许追加输入，而Output模式只能一次性输入。在使用场景上，Output模式只适合结果数据格式固定的情况，而Append模式适合里面含有特殊数据的情况。如本例中，先向结果文件#3输入字符串PLINE，然后利用循环输入了固定格式段s2，最后又向结果文件输入字符串END作为结尾。假设本

例中我们采用Output模式，则结果文件#3里最后就只有字符串END，因为后续的输入会覆盖之前的数据；而采用Append模式则不会，Append模式会在当前打开的结果文件#3的关闭命令Close #3出现以前，把每次Print语句输出的字符串都追加到结果文件#3里。

创建Excel文件、打开xls文件，命名工作表名称并输入表头字段文字的主要代码示例如下：

```
If Check3.Value = 1 Then
'输出xls文件
    Dim xlApp As Excel.Application
    Dim xlBook As Excel.Workbook
    Dim Sht As Excel.Worksheet
    Set xlApp = CreateObject("Excel.Application")   '实例化
    Set xlBook = xlApp.Workbooks.Add      '当模板用add, 否则用open
    Set Sht = xlBook.Worksheets.Add
        Sht.Name = "WGS84坐标文件"   '新增工作表并命名为：WGS-84坐标
文件
    With xlBook.Sheets("Sheet1").Delete   '删除原工作表sheet1
    End With
    With xlBook.Sheets("Sheet2").Delete   '删除原工作表sheet2
    End With
    With xlBook.Sheets("Sheet3").Delete   '删除原工作表sheet3
    End With
      For i = 1 To n + 1
        If i = 1 Then
          Sht.Cells(i, 1).Value = "序号"
          Sht.Cells(i, 2).Value = "北坐标（X）"
          Sht.Cells(i, 3).Value = "东坐标（Y）"
          Sht.Cells(i, 4).Value = "高程（H）"
          Sht.Cells(i, 5).Value = "备注"
        End If
```

本例中使用了Excel文件进行输出，与使用文本文件进行输出不同的是：文本文件的输出使用的是CommonDialog控件，用Print语句进行输出；

而用Excel文件进行输出时，必须先定义应用程序级Application变量、工作簿Workbook变量和工作表Worksheet变量，然后使用Add或Open方法打开Excel文件才可以进行输出。若要输出的Excel文件已经存在，使用Open方法打开文件进行输出；若不存在，则创建默认空白文件进行输出。这里的Worksheets.Add就相当于文本文件输出时用到Open … For Output As …的功能。

激活工作表并写入坐标数据、保存xls文件的主要代码示例如下：

```
If i > 1 Then
    Sht.Cells(i, 1).Value = i − 1
    Sht.Cells(i, 2).Value = Format(X(i − 1), "0.0000")
    Sht.Cells(i, 3).Value = Format(Y(i − 1), "0.0000")
    Sht.Cells(i, 4).Value = Format(h(i − 1), "0.0000")
End If
Next
Set Sht = xlBook.Worksheets("WGS84坐标文件")      '设置活动工作表
    Sht.Activate                        '激活工作表
Columns("B:D").Select
Selection.ColumnWidth = 15              '数据列宽15
xlApp.ActiveSheet.Columns("A:E").Select
With Selection
    .HorizontalAlignment = xlCenter     '水平居中
    .VerticalAlignment = xlCenter       '垂直居中
    .Font.Size = 12                     '表格字号12
    .WrapText = False
    .Orientation = 0
    .AddIndent = False
    .IndentLevel = 0
    .ShrinkToFit = False
    .ReadingOrder = xlContext
    .MergeCells = False
End With
Columns("B:D").NumberFormatLocal = "0.000_ "      '3位小数
xlApp.Visible = False
s4 = fn & ".xls"
```

```
Sht.SaveAs s4
xlApp.Quit                    '退出 Excel
Set Sht = Nothing
Set xlApp = Nothing           '释放xlApp对象
MsgBox "完毕！WGS-84坐标数据已写入源文件目录下同名xls文件，请
检查！"
End If
End Sub
```

与文本文件的输出类似，在Excel文件输出结束后，要对打开的文件进行关闭。文本文件的关闭相对简单，用Close语句就能实现。但是Excel文件不是系统内置程序，仅仅关闭表格工作簿窗口只是退出了Excel文件，并不能使系统进程消失，如果不释放xlApp应用程序对象，那就无法再进行表格操作。因此，本例中在关闭文件时依次使用了xlApp.Quit、Set Sht = Nothing和Set xlApp = Nothing语句，这样才能确保Excel文件是真正关闭了，系统进程是退出的，后续继续操作Excel文件才不会出现错误提示。

程序运行完成后将生成对应的数据文件，并弹出相应的提示对话框，如图2-7-2、图2-7-3、图2-7-4所示。

图2-7-2 导出的南方CASS展点数据文件(*.dat)及程序运行结束提示

图2-7-3 导出的AutoCAD脚本文件(*.scr)及程序运行结束提示

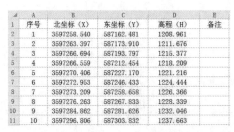

图2-7-4　导出的Excel文件(*.xls)及程序运行结束提示

　　本例输出结果使用了AutoCAD脚本文件*.scr，这是一种可以用记事本打开和编辑的自动执行一系列指令的文件，可以帮助用户提高工作效率，减少重复操作的时间。使用方法为：打开AutoCAD软件，在AutoCAD命令行输入"script"命令，在弹出的对话框选择scr文件加载即可。本例中展示了一条二维多段线的scr格式样例，第一行PLINE表示画多段线，最后一行END表示画线结束，中间的数据依次为多段线的拐点坐标。

3 工程数据处理

3.1 测站计算

  测站计算是测量工作中最基础、最简单的计算。当我们需要通过坐标计算距离、方位角或增量时，抑或是通过已知点和观测距离、角度等计算另一点坐标时，就需要进行测站计算。单一测站的正反算是测量人员学习测量、理解坐标计算原理的有效途径。正算计算结果是前视的四个值，反算计算结果是平距等六个值。测站计算程序界面如图3-1-1所示。

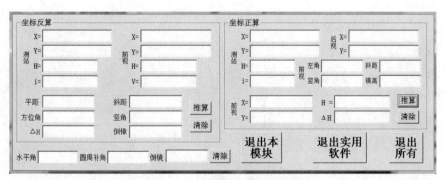

图3-1-1 测站计算程序界面

  坐标正算的主要代码示例如下：

```
Const pi = 3.14159265358979
Private Sub Command1_Click( )
a1 = Val(Text1.Text)
```

```
a2 = Val(Text2.Text)
a3 = Val(Text3.Text)
a4 = Val(Text4.Text)
a5 = Val(Text5.Text)
a6 = Val(Text6.Text)
a7 = Val(Text7.Text)
a8 = Val(Text8.Text)
a9 = Val(Text9.Text)
a10 = Val(Text10.Text)
h1 = a3 + a4 + a9 * Sin(pi / 2 – hd(a8)) – a10
dh1 = h1 – a3
Text13.Text = Format$(h1, "0.000")
Text14.Text = Format$(dh1, "0.000")
dx = a5 – a1
dy = a6 – a2
If dx = 0 Then
  If dy < 0 Then
    a11 = 3 * pi / 2#
  End If
  If dy > 0 Then
    a11 = pi / 2#
  End If
End If
If dx < 0 Then
  If dy = 0 Then
    a11 = pi
  End If
  If dy < 0 Then          '测量三象限
    a11 = pi + Atn(Abs(dy / dx))
  End If
  If dy > 0 Then          '测量二象限
    a11 = pi – Atn(Abs(dy / dx))
  End If
End If
```

```
End If
If dx > 0 Then
    If dy = 0 Then
        a11 = 0#
    End If
    If dy < 0 Then            '测量四象限
        a11 = 2 * pi# + Atn(dy / dx)
    End If
    If dy > 0 Then            '测量一象限
        a11 = Atn(dy / dx)
    End If
End If
a12 = a11 + hd(a7)        '方位角
s1 = a9 * Cos(pi / 2 – hd(a8))        '平距
x1 = a1 + s1 * Cos(a12)
y1 = a2 + s1 * Sin(a12)
Text11.Text = Format$(x1, "0.000")
Text12.Text = Format$(y1, "0.000")
End Sub
```

　　本例中涉及一个VB 6.0的基础知识，就是常量的定义和使用。这里用到的Const语句就是用于定义数学中的常量π。Const语句没有使用在任何Private Sub过程中，表示其是该窗体的全局常量，可以在定义后的任一位置使用而不需要再次定义，这一点让代码更加简洁高效。本例还使用了反正切函数Atn( )、取绝对值函数Abs( )，以及正弦函数Sin( )和余弦函数Cos( )。示例中的hd( )为自定义函数，表示求弧度，我们可以将其做成类模块添加到程序中，使用时直接调用即可。

　　初始化文本框的值为空值的主要代码示例如下：

```
Private Sub Command2_Click( )
Text1.Text = " "
Text2.Text = " "
Text3.Text = " "
Text4.Text = " "
```

```
Text5.Text = " "
Text6.Text = " "
Text7.Text = " "
Text8.Text = " "
Text9.Text = " "
Text10.Text = " "
Text11.Text = " "
Text12.Text = " "
Text13.Text = " "
Text14.Text = " "
End Sub
```

由上述代码可以看出，本例在初始化文本框的值时，使用的是每个文本框一个语句的方式（Text1.Text = " "），这种方式最直观，易于初学者理解，但是也造成了代码冗余。在VB 6.0程序设计中，文本框是可以设置为数组形式的，具体方法是：复制需要建立数组的文本框，点击鼠标右键选择"粘贴"，将弹出提示询问是否需要创建控件数组，如图3-1-2所示。

图3-1-2　提示是否创建控件数组

继续选择"是(Y)"，原文本框会被赋予数组(0)，复制后形成的文本框将会被赋予数组(1)，如图3-1-3所示。

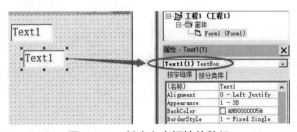

图3-1-3　创建文本框控件数组

　　创建文本框控件数组后，就可以使用循环来对其进行批量快速赋值。这时，数组元素的序号就是循环变量，如代码Text1(i).Text = " "中的i就是循环变量。

　　坐标反算的主要代码示例如下：

```
Private Sub Command3_Click( )
b1 = Val(Text15.Text)
b2 = Val(Text16.Text)
b3 = Val(Text17.Text)
b4 = Val(Text18.Text)
b5 = Val(Text19.Text)
b6 = Val(Text20.Text)
b7 = Val(Text21.Text)
b8 = Val(Text22.Text)
dx = b5 − b1
dy = b6 − b2
s21 = Sqr(dx * dx + dy * dy)
dh2 = b7 + b8 − b3 − b4
s22 = Sqr(s21 * s21 + dh2 * dh2)
Text23.Text = Format$(s21, "0.000")
Text24.Text = Format$(s22, "0.000")
Text27.Text = Format$(dh2, "0.000")
If dh2 > 0 Then
    b9 = hhjd(Atn(s21 / dh2))
End If
If dh2 = 0 Then
    b9 = 90#
End If
If dh2 < 0 Then
    b9 = hhjd(pi − Atn(Abs(s21 / dh2)))
End If
Text26.Text = Format$(b9, "0.000000")
b11 = hhjd(2 * pi − hd(b9))
```

```
Text29.Text = Format$(b11, "0.000000")
If dx = 0 Then
    If dy < 0 Then
        b10 = 270#
    End If
    If dy > 0 Then
        b10 = 90#
    End If
End If
If dx < 0 Then
    If dy = 0 Then
        b10 = 180#
    End If
    If dy < 0 Then
    '测量三象限
        b10 = hhjd(pi + Atn(Abs(dy / dx)))
    End If
    If dy > 0 Then
    '测量二象限
        b10 = hhjd(pi - Atn(Abs(dy / dx)))
    End If
End If
If dx > 0 Then
    If dy = 0 Then
        b10 = 0#
    End If
    If dy < 0 Then
    '测量四象限
        b10 = hhjd(2 * pi# + Atn(dy / dx))
    End If
    If dy > 0 Then
    '测量一象限
        b10 = hhjd(Atn(dy / dx))
```

```
    End If
End If
Text25.Text = Format$(b10, "0.000000")
End Sub
Private Sub Text28_Change( )
Dim sp#, bj#, dj#
sp = Val(Text28.Text)
bj = hhjd(2# * pi - hd(sp * 1#))
If bj >= 180 Then
    dj = bj - 180
End If
If bj < 180 Then
    dj = bj + 180
End If
Text30.Text = Format$(bj, "0.0000")
Text31.Text = Format$(dj, "0.0000")
End Sub
Private Sub Text30_Change( )
Dim sp2#, bj2#, dj2#
bj2 = Val(Text30.Text)
If bj2 >= 180 Then
    dj2 = bj2 - 180
End If
If bj2 < 180 Then
    dj2 = bj2 + 180
End If
Text31.Text = Format$(dj2, "0.0000")
End Sub
```

　　本例中使用了文本框的Change事件，当文本框内的值发生改变时将触发该事件。这种方法适用于比较简单的数学计算和一些简单逻辑的事件。一般我们会使用其中一个文本框作为判断条件，而使用另外一个文本框作为对应输出结果，有点类似于Case语句，接受输入数据的文本框表示"当……"，也就是VB 6.0中的"Case……"，而输出结果的文本框表示在该条件下产生的结果，相当于Case后面的执行语句。比如本例中，当X和Y都需要输入数据时，一般只选择最后输入的那个数据来添加Change事件即可。

3.2　坐标变换

在项目实践中，有时为了提高工作效率，并不是每个步骤都是按理论来操作的。从理论上来讲，我们应当先做控制，在控制点上定向以后才能测图或者确定点位坐标。而实际上，当精度要求不高的时候，可以假定一对起算点进行测图或定向，最后测完再复核一次控制点，这样外业的效率就能大大提高。这种情况下，如果我们要将假定坐标的原始数据转换成控制点下真实的坐标数据，就需要对原始数据进行坐标变换。本节介绍如何利用2套坐标的2个公共点，将假定坐标的原始数据转换为真实的坐标数据的方法。需要强调的是，这种方法必须控制精度，才能保证使用前后的数据满足项目要求。根据需要设计坐标变换程序，界面如图3-2-1所示。

图3-2-1　坐标变换程序界面

读取待纠数据（DAT格式）并判断旋转基线合格性的主要代码示例如下：

```
Option Base 1
Dim st1$( ), st2$( ), st3$( ), sr1$( ), sr2$( ), sr3$( ), af#( ), sd#( ), eX#( ), ey#( ), p$( ),
Y#( ), X#( ), h#( )
Private Sub Command2_Click( )
n = 0
s1 = ","
ddh = Val(Text1.Text)
```

```
pi = 3.14159265358979
For i = 1 To 1000000
    If EOF(1) = True Then
        Exit For
    End If
    Line Input #1, str(i)
    n = n + 1
Next
ReDim st1(n), st2(n), st3(n), sr1(n), sr2(n), sr3(n)
ReDim p(n), Y(n), X(n), h(n), sd(n), af(n), eX(n), ey(i)
For i = 1 To n    '获取文件各项数据值
    n1 = InStr(str(i), s1)
    n2 = Len(str(i)) − n1
    st1(i) = Right$(str(i), n2)
    n3 = InStr(st1(i), s1) + n1
    p(i) = Left$(str(i), n3)    '流水号及点编码
    n4 = Len(str(i)) − n3
    st2(i) = Right$(str(i), n4)        'YXH字符串
    n5 = InStr(st2(i), s1) − 1
    n6 = Len(st2(i)) − n5 − 1
    st3(i) = Right$(st2(i), n6)        'XH字符串
    n7 = InStr(st3(i), s1) − 1
    n8 = Len(st3(i)) − n7 − 1
    sr1(i) = Left$(st2(i), n5)
    sr2(i) = Left$(st3(i), n7)
    sr3(i) = Right$(str(i), n8)
    Y(i) = Val(sr1(i))        'Y坐标值
    X(i) = Val(sr2(i))        'X坐标值
    h(i) = Val(sr3(i))        '高程值H
Next
    x1 = X(1)        '基点原坐标
    y1 = Y(1)
    h1 = h(1)
```

```
x2 = X(2)        '基点新坐标
y2 = Y(2)
h2 = h(2)
x3 = X(3)        '参考点原坐标
y3 = Y(3)
h3 = h(3)
x4 = X(4)        '参考点新坐标
y4 = Y(4)
h4 = h(4)
dx = x2 – x1
dy = y2 – y1
dh = (h2 – h1 + h4 – h3) / 2     '高程加常数(m)
gcjz = Abs(h2 – h1 – h4 + h3) * 100
s6 = "当前旋转基线同一点高差均值: " & Format$(gcjz, "0.0") & "cm, 限制
高差较差: " & ddh & "cm"
If gcjz > ddh Then
    s7 = s6 & Chr$(13) & Chr$(10) & "  警告: 旋转基线高差较差超限! "
    Else: s7 = s6 & Chr$(13) & Chr$(10) & "  提示: --旋转基线高差较差未
超限! --"
End If
```

　　当涉及数据对高程值比较敏感时, 必须检查作为基准的两个点之间的高差。如果高差超过一定限度, 就好比控制点解算时高程中误差超限, 那么数据就不能使用。因此本例中要求计算人员手动输入高差限值, 通过程序计算判断是否超限并给出提示。

　　分析待纠数据(DAT格式)并判断基点与参考点坐标合法性的主要代码示例如下:

```
t1 = x3 – x1
t2 = x4 – x2
t3 = y3 – y1
t4 = y4 – y2
If t1 = 0# Then    '水平Y方向
```

```
If y3 > y1 Then
    '原坐标参考点在基点右
        af1 = pi / 2#
    ElseIf y3 < y1 Then
    '原坐标参考点在基点左
        af1 = 3# * pi / 2#
        Else
            MsgBox "错误：基点与参考点原坐标一致！"
    End If
End If
If t3 = 0# Then          '纵向X方向
    If x3 > x1 Then
    '原坐标参考点在基点上
        af1 = 0#
    Else
    '原坐标参考点在基点下
        af1 = pi
    End If
End If
If t2 = 0# Then          '水平Y方向
    If y4 > y2 Then
    '新坐标参考点在基点右
        af2 = pi / 2#
    ElseIf y4 < y2 Then
    '新坐标参考点在基点左
        af2 = 3# * pi / 2#
        Else
            MsgBox "错误：基点与参考点新坐标一致！"
    End If
End If
```

　　虽然可能性较低，但不得不考虑一种特殊情况，就是起算的2个点坐标一致，成为重复点了。从程序设计方面，可以做出相应的提示。

在计算旋转角度时，应充分考虑其向水平方向还是竖直方向旋转，因为它们的计算方法不同。

分析计算并判断旋转基线伸缩比合法性的主要代码示例如下：

```
If t4 = 0# Then          '纵向X方向
    If x4 > x2 Then
    '新坐标参考点在基点上
        af2 = 0#
    Else
    '新坐标参考点在基点下
        af2 = pi
    End If
End If
If t3 > 0# Then
    If t1 > 0# Then
        af1 = Atn(t3 / t1)
    ElseIf t1 < 0# Then
        af1 = pi – Atn(Abs(t3 / t1))
    End If
End If
If t3 < 0# Then
    If t1 < 0# Then
        af1 = pi + Atn(t3 / t1)
    ElseIf t1 > 0# Then
        af1 = 2# * pi – Atn(Abs(t3 / t1))
    End If
End If
If t4 > 0# Then
    If t2 > 0# Then
        af2 = Atn(t4 / t2)
    ElseIf t2 < 0# Then
        af2 = pi – Atn(Abs(t4 / t2))
    End If
```

```
End If
If t4 < 0# Then
   If t2 < 0# Then
      af2 = pi + Atn(t4 / t2)
   ElseIf t2 > 0# Then
      af2 = 2# * pi − Atn(Abs(t4 / t2))
   End If
End If
de = af2 − af1
sd1 = Sqr(t1 * t1 + t3 * t3)
sd2 = Sqr(t2 * t2 + t4 * t4)
m = sd2 / sd1          '长度伸缩比
ds1 = Abs(sd2 − sd1)          '基线长度差(米)
Label5.Caption = Format$(m, "0.00000000")
s8 = "新旧旋转基线长度伸缩比为: " & Format$(m, "0.0000000000") &
Chr$(13) & Chr$(10) & "………纠正完成! 请检查数据是否正确! ……"
dds = 1 / Val(Text2.Text)          '设计长度较差比
dts = (2 * ds1) / (sd1 + sd2)          '实际长度较差比
If ds1 = 0 Then
   s4 = "当前旋转基线长度差: " & Format$(100 * ds1, "0.0") & "cm, 当前
长度差比例: 1/" & Format$(1, "0.0") & ", 限制长度差比例: 1/" & 1 / dds
   Else: s4 = "当前旋转基线长度差: " & Format$(100 * ds1, "0.0") & "cm,
当前长度差比例: 1/" & Format$(1 / dts, "0.0") & ", 限制长度差比例: 1/" & 1
/ dds
   End If
If dts > dds Then
   s5 = s4 & Chr$(13) & Chr$(10) & "   警告: 旋转基线长度差超限, 请确认
旋转基线的正确性! "
   Else: s5 = s4 & Chr$(13) & Chr$(10) & "   提示: —————旋转基线长度差未
超限! —————"
   End If
```

以两个点作为基线对数据进行纠正完成坐标变换时, 数据能否满足要求

取决于这两个点的误差大小，这两个点就相当于测图中的控制点。判断是否超限可以比较两个点在新旧坐标框架下形成的线段的长度差，也就是相对误差。若该值超限，程序设计需做出提示。

　　计算并输出两点坐标纠正结果的主要代码示例如下：

```
For i = 5 To n
    eX(i) = X(i) – x1
    ey(i) = Y(i) – y1
    sd(i) = Sqr(eX(i) * eX(i) + ey(i) * ey(i))
    If eX(i) = 0# Then
        If ey(i) > 0# Then
            af(i) = pi / 2#
        Else
            af(i) = 3# * pi / 2#
        End If
    End If
    If ey(i) = 0# Then
        If eX(i) > 0# Then
            af(i) = 0#
        Else
            af(i) = pi
        End If
    End If
    If ey(i) > 0# Then
        If eX(i) > 0# Then
            af(i) = Atn(ey(i) / eX(i))
        ElseIf eX(i) < 0# Then
            af(i) = pi – Atn(Abs(ey(i) / eX(i)))
        End If
    End If
    If ey(i) < 0# Then
        If eX(i) < 0# Then
            af(i) = pi + Atn(ey(i) / eX(i))
```

```
        ElseIf eX(i) > 0# Then
            af(i) = 2# * pi – Atn(Abs(ey(i) / eX(i)))
        End If
    End If
Next
s2 = p(2) & Y(2) & s1 & X(2) & s1 & h(2) & Chr$(13) & Chr$(10) & p(4) & Y(4) &
s1 & X(4) & s1 & h(4)
Print #2, s2
For i = 5 To n
    sd(i) = m * sd(i)
    af(i) = af(i) + de
    Y(i) = y1 + dy + sd(i) * Sin(af(i))
    X(i) = x1 + dx + sd(i) * Cos(af(i))
    h(i) = h(i) + dh
    s3 = p(i) & Format$(Y(i), "0.000") & s1 & Format$(X(i), "0.000") & s1 &
Format$(h(i), "0.000")
    Print #2, s3
Next
s9 = s5 & Chr$(13) & Chr$(10) & s7 & Chr$(13) & Chr$(10) & s8
MsgBox s9
End Sub
```

使用此功能必须确定两个不同点在两个坐标系下的值。长度差和高差较差用来辅助确定是否输入错误（同一对点距离固定，因此在任何坐标系下的理论长度差和理论高差较差均为零）。

3.3 平曲线计算

在平曲线计算中，附有缓和曲线的圆曲线的坐标计算是比较常用的。本例仅演示了单点计算，即在软件界面输入需要计算的点的必要参数，点击界面"计算"按钮即可显示结果。批量计算设计了程序界面，但本例并未给出代码，读者可以自行研究如何按照规定格式记录需计算的点的信息，在软件界面选择输出格式，并自动把结果保存在指定文件中。设计的平曲线计算程序界面如图3-3-1所示。

图3-3-1　平曲线计算程序界面

缓和曲线长度与坐标的关系见式（3-3-1）和式（3-3-2）：

$$x = l - \frac{l^5}{40R^2 l_0^2} + \frac{l^9}{3456R^4 l_0^4} \qquad （3-3-1）$$

$$y = \frac{l^3}{6Rl_0} - \frac{l^7}{336R^3 l_0^3} + \frac{l^{11}}{42240R^5 l_0^5} \qquad （3-3-2）$$

式中，x、y为缓和曲线上点的坐标，l为自直缓（ZH）点至计算点的缓和曲线长度，R为圆曲线半径，l_0为一侧的缓和曲线长度，即自直缓（ZH）点至缓圆（HY）点的里程差。

圆曲线上点的坐标与曲线长度的关系见式（3-3-3）和式（3-3-4）：

$$x_i = l_i - 0.5l_0 - \frac{(l_i - 0.5l_0)^3}{6R^2} + m \qquad （3-3-3）$$

$$y_i = \frac{(l_i - 0.5l_0)^2}{2R} - \frac{(l_i - 0.5l_0)^4}{24R^3} + p \qquad （3-3-4）$$

式中，x_i、y_i为圆曲线上点的坐标，l_i为自直缓（ZH）点起算的曲线长度，R为圆曲线半径，l_0为一侧的缓和曲线长度，即自直缓（ZH）点至缓圆（HY）点的里程差，m为切线增长量，p为圆曲线相对于圆心的内移量。m和p的计算见式（3-3-5）和式（3-3-6）：

$$m = \frac{l_0}{2} - \frac{l_0^3}{240R^2} \qquad （3-3-5）$$

$$p = \frac{l_0^2}{24R} \qquad （3-3-6）$$

附有缓和曲线的圆曲线坐标计算的程序的主要代码示例如下：

```
Dim X#, Y#
Private Sub Command1_Click( )
x0 = Val(Text1.Text)        'ZH点X坐标
y0 = Val(Text2.Text)        'ZH点Y坐标
a = Val(Text3.Text)
b = Val(Text4.Text)
c = Val(Text5.Text)
d = Val(Text6.Text)
r = Val(Text7.Text)         '曲线半径
d0 = Val(Text8.Text)        '桩距
ds = Val(Text9.Text)        '与ZH点里程差
l0 = (c * 1000# + d) – (a * 1000# + b)      '曲线长度
'–––––缓和曲线–––––
xi = ds – ds ^ 5 / (40 * r ^ 2 * l0 ^ 2) + ds ^ 9 / (3456 * r ^ 4 * l0 ^ 4)
yi = ds ^ 3 / (6 * r * l0) – ds ^ 7 / (336 * r ^ 3 * l0 ^ 3)
'–––––缓和曲线–––––
'–––––圆曲线–––––
xi = ds – (ds – l0 / 2) ^ 3 / (6 * r ^ 2) – l0 ^ 3 / (240 * r ^ 2)
yi = (ds – l0 / 2) ^ 2 / (2 * r) – (ds – l0 / 2) ^ 4 / (24 * r ^ 3) + l0 ^ 2 / (24 * r)
'–––––圆曲线–––––
'–*–*–*–*–*–*–*–
If Option1.Value = True Then
    X = x0 + xi
    Y = y0 + yi
End If
If Option2.Value = True Then
    X = x0 – xi
    Y = y0 + yi
End If
    Text10.Text = Format(X, "#.000")
    Text11.Text = Format(Y, "#.000")
End Sub
```

本例的程序代码对公式进行了综合，并没有按照先计算m和p再计算其他的顺序做逐步计算，而是将m和p的计算公式与x_i、y_i的计算公式进行了综合。

3.4　GPS验算项数据搜索

控制测量是测图的必要步骤，在精度要求较高的情况下，一般采用静态GPS测量方法获得控制点坐标。由于仪器设备的不同，各仪器厂商都配备了相应的随机解算软件，平差后都能输出格式相对固定的GPS平差报告。但是对很多技术人员而言，这些动辄几十上百页的平差报告看起来很费劲，想要快速确定各项值是不是超出限差要求并不是那么容易。为此，本节程序示例了使用VB 6.0编程获取南方、拓普康、中海达三种GPS随机软件生成报告中的信息，并按固定格式输出到文件中。设计GPS验算项数据搜索程序，界面如图3-4-1所示。

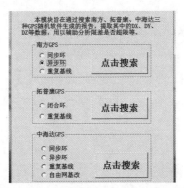

图3-4-1　GPS验算项数据搜索程序界面

南方GPS同步环原始解算报告格式如图3-4-2所示。

环号	环 总 长	相对误差	△Xmm	△Ymm	△Zmm	△边长 mm		
2	7714.887	0.1Ppm	0.216	-0.280	0.541	0.646	18.15	31.44
	环中的点:G602 G482 G402							
7	5356.334	0.8Ppm	2.154	-1.726	-3.295	4.298	12.85	22.25
	环中的点:GY01 G602 G482							
9	6548.257	0.1Ppm	0.156	-0.313	-0.387	0.521	15.51	26.87
-	环中的点:GY02 G602 G482							

图3-4-2　南方GPS同步环原始解算报告格式

南方GPS异步环原始解算报告格式如图3-4-3所示。

环号	环 总 长	相对误差	△Xmm	△Ymm	△Zmm	△边长 mm		
1	7714.842	5.9Ppm	-40.575	-20.701	-1.010	45.562	272.25	471.56
	环中的点:G602 G482 G402							
3	22459.073	1.8Ppm	8.712	-34.599	-20.280	41.040	676.44	1171.63
	环中的点:GY06 G602 G482 G402							
4	22459.117	2.4Ppm	49.503	-14.178	-18.729	54.793	676.44	1171.63
	环中的点:GY06 G602 G482 G402							

图3-4-3　南方GPS异步环原始解算报告格式

处理南方GPS同、异步环的主要代码示例如下：

```
Private Sub Command2_Click( )
If Option1.Value = True Or Option9.Value = True Then
'--------------处理南方GPS同、异步环文件----------------
Open CommonDialog1.FileName For Input As #1
CommonDialog2.Filter = "闭合环文件(*.csv)|*.csv"
CommonDialog2.ShowSave
Open CommonDialog2.FileName For Output As #2
m1 = 0 '同、异步环个数
s1 = ","
s2 = "环中的点:"
For i = 1 To 1000000
  If EOF(1) = True Then
    Exit For
  End If
  Line Input #1, str(i)
  n1 = InStr(str(i), s2)
  n2 = Len(str(i)) – n1 – 5
  If n1 > 1 Then
    m1 = m1 + 1
    hm1(m1) = Mid$(str(i), n1 + 5, n2)    '环名，空格分隔
    bs(m1) = (n2 + 1) \ 5                 '边数
    hc(m1) = Mid$(str(i – 1), 10, 12)     '环长
    wx(m1) = Format$(Val(Mid$(str(i – 1), 35, 11)), "0.000")    'WX
    wy(m1) = Format$(Val(Mid$(str(i – 1), 46, 11)), "0.000")    'WY
```

```
        wz(m1) = Format$(Val(Mid$(str(i – 1), 57, 11)), "0.000")        'WZ
    End If
Next
For i = 0 To m1
  If i = 0 Then
    s3 = "环名" & s1 & "环长" & s1 & "边数" & s1 & "WX" & s1 & "WY" & s1
& "WZ"
  End If
  If i > 0 Then
    n3 = Len(hm1(i))    '环名字符串长度
    hm2(i) = " "
    For j = 1 To n3
      sn1(j) = Mid$(hm1(i), j, 1)
      If sn1(j) = " " Then
        sn1(j) = "–"
      End If
      hm2(i) = hm2(i) & sn1(j)
    Next
    s3 = hm2(i) & s1 & hc(i) & s1 & bs(i) & s1 & wx(i) & s1 & wy(i) & s1 & wz(i)
  End If
  Print #2, s3
Next
s4 = "转换完毕！共处理环 " & m1 & " 个，请检查转换后的文件！"
MsgBox s4
End If
```

经程序处理后的南方GPS同步环输出格式见表3-4-1。

表3-4-1　南方GPS同步环输出格式

环名	环长	边数	WX	WY	WZ
G602–G482–G402	7714.887	3	0.216	−0.28	0.541
GY01–G602–G482	5356.334	3	2.154	−1.726	−3.295
GY02–G602–G482	6548.257	3	0.156	−0.313	−0.387

续表

环名	环长	边数	WX	WY	WZ
GY02-GY01-G482	3783.294	3	−0.253	−0.042	0.171
GY02-GY01-G602	6534.742	3	1.744	−1.456	−2.737

经程序处理后的南方GPS异步环输出格式见表3-4-2。

表3-4-2　南方GPS异步环输出格式

环名	环长	边数	WX	WY	WZ
G602-G482-G402	7714.842	3	−40.575	−20.701	−1.01
GY06-G602-G482-G402	22459.073	4	8.712	−34.599	−20.28
GY06-G602-G482-G402	22459.117	4	49.503	−14.178	−18.729
GY02-G482-G402	11086.668	3	−9.595	18.802	−19.76
GY10-GY02-G482-G402	30151.23	4	−9.102	21.47	−17.881

南方GPS重复基线原始解算报告格式如图3-4-4所示。

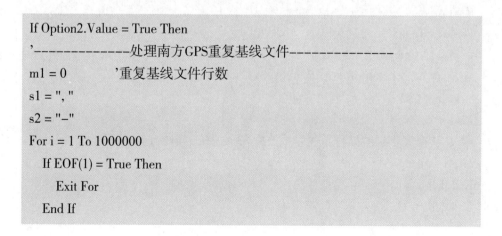

图3-4-4　南方GPS重复基线原始解算报告格式

处理南方GPS重复基线的主要代码示例如下：

```
If Option2.Value = True Then
'--------------处理南方GPS重复基线文件--------------
m1 = 0          '重复基线文件行数
s1 = ","
s2 = "−"
For i = 1 To 1000000
    If EOF(1) = True Then
        Exit For
    End If
```

```vb
    Line Input #1, str(i)
    m1 = m1 + 1
Next
m2 = 0
For i = 1 To m1
    n1 = InStr(str(i), s2)
    If n1 > 4 And n1 < 20 Then
        m2 = m2 + 1
        sr1(m2) = str(i)
    End If
Next
m3 = 0
For i = 1 To m2 Step 2
    m3 = m3 + 1
    st1(m3) = Mid$(sr1(i), 4, 18)            '一时段边名及时段号
    st2(m3) = Val(Mid$(sr1(i), 39, 12))      '一时段DX值
    st3(m3) = Val(Mid$(sr1(i), 51, 12))      '一时段DY值
    st4(m3) = Val(Mid$(sr1(i), 63, 12))      '一时段DZ值
    st5(m3) = Val(Mid$(sr1(i), 75, 12))      '一时段S值
    st6(m3) = Mid$(sr1(i + 1), 4, 18)        '二时段边名及时段号
    st7(m3) = Val(Mid$(sr1(i + 1), 39, 12))  '二时段DX值
    st8(m3) = Val(Mid$(sr1(i + 1), 51, 12))  '二时段DY值
    st9(m3) = Val(Mid$(sr1(i + 1), 63, 12))  '二时段DZ值
    st10(m3) = Val(Mid$(sr1(i + 1), 75, 12)) '二时段S值
Next
For i = 1 To m3
    s3 = st1(i) & s1 & st2(i) & s1 & st3(i) & s1 & st4(i) & s1 & st5(i) & s1 & st6(i) &
s1 & st7(i) & s1 & st8(i) & s1 & st9(i) & s1 & st10(i)
    Print #2, s3
Next
s4 = "转换完毕! 共处理重复基线 " & m3 & " 条，请检查转换后的文件！"
MsgBox s4
End If
End Sub
```

经程序处理后的南方GPS重复基线输出格式见表3-4-3。

表3-4-3　南方GPS重复基线输出格式

第一时段					第二时段				
边名及时段号	DX	DY	DZ	S	边名及时段号	DX	DY	DZ	S
G48224K–G60224K	1434.983	325.581	106.61	1475.312	G60225B–G48225B	–1435.024	–325.602	–106.611	1475.356
GY02224K–G60224K	3005.656	140.839	1101.847	3204.352	GY02226G–G60226H	3005.642	140.858	1101.829	3204.333
GY06224G–GY03224G	–469.511	–2000.858	2790.179	3465.396	GY06226G–GY03226G	–469.513	–2000.869	2790.196	3465.417
GY06224G–GY05224H	–286.265	–441.556	543.436	756.467	GY06225I–GY05225I	–286.26	–441.561	543.431	756.465
GY06226G–GY02226G	918.895	–2778.922	4570.195	5427.104	GY06237B–GY02237B	918.899	–2778.952	4570.18	5427.107

拓普康GPS闭合环原始解算报告格式如图3-4-5所示。

```
DY05 - DY04 - DY09 - DY12 - DY16 - DY14     //***①环名、可提取③边数
        环长 = 24085 m.        //***②环长
        限差(平面)(T) = 0.5062 m.  (e=0.01m., a=20PPM)
        限差(高程)(T) = 0.5307 m.  (e=0.02m., a=20PPM)
        0805a\DY04-DY05   -   0805b\DY09-DY04   -   0806a\DY12-DY09   -   0808c\DY12-DY16   -
0806b\DY14-DY16 - 0808b\DY05-DY14     //***④时段号
            环闭合差 : XYZ
                dX =    0.0047m.       dX/T =    0.01    1 : 5110426     //***⑤WX
                dY =    0.0717m.       dY/T =    0.14    1 : 335745      //***⑥WY
                dZ =    0.0423m.       dZ/T =    0.08    1 : 569884      //***⑦WZ
            环闭合差 : NEU
                dN =    0.0005m.       dN/T =    0       1 : 49105845
                dE =    0.0132m.       dE/T =    0.03    1 : 1830346
                dPlane = 0.0132m.       dPlane/T = 0.03    1 : 1829076
                dU =    0.0823m.       dU/T =    0.16    1 : 292482
    DY05 - DY04 - DY10 - DY11 - DY12 - DY16 - DY17 - DY20 - III9
        环长 = 40793 m.
        限差(平面)(T) = 0.8459 m.  (e=0.01m., a=20PPM)
        限差(高程)(T) = 0.8759 m.  (e=0.02m., a=20PPM)
        0805a\DY04-DY05   -   0805b\DY04-DY10   -   0805c\DY10-DY11   -   0806a\DY12-DY11   -
0808c\DY12-DY16 - 0806b\DY17-DY16 - 0806c\DY17-DY20 - 0808a\DY20-III9 - 1218\DY05-III9
            环闭合差 : XYZ
                dX =    0.0242m.       dX/T =    0.03    1 : 1688982
                dY =    0.0665m.       dY/T =    0.08    1 : 613197
                dZ =    0.0102m.       dZ/T =    0.01    1 : 3997807
            环闭合差 : NEU
                dN =    0.0452m.       dN/T =    0.05    1 : 901865
                dE =    0.007m.        dE/T =    0.01    1 : 5856364
                dPlane = 0.0458m.       dPlane/T = 0.05    1 : 891358
                dU =    0.0549m.       dU/T =    0.06    1 : 742475
        0805a\DY04-DY05   -   0805b\DY04-DY10   -   0808c\DY10-DY11   -   0806a\DY12-DY11   -
0808c\DY12-DY16 - 0806b\DY17-DY16 - 0806c\DY17-DY20 - 0808a\DY20-III9 - 1218\DY05-III9
            环闭合差 : XYZ
                dX =    0.023m.        dX/T =    0.03    1 : 1772650
                dY =    0.1095m.       dY/T =    0.13    1 : 372409
                dZ =    0.0306m.       dZ/T =    0.04    1 : 1334067
            环闭合差 : NEU
                dN =    0.0318m.       dN/T =    0.04    1 : 1282267
                dE =    0.0048m.       dE/T =    0.01    1 : 8556923
                dPlane = 0.0322m.       dPlane/T = 0.04    1 : 1268108
                dU =    0.1115m.       dU/T =    0.13    1 : 365914
        平均环闭合差
            环闭合差 : XYZ
                dX =    0.0236m.       dX/T =    0.03    1 : 1729805
                dY =    0.088m.        dY/T =    0.1     1 : 463390
                dZ =    0.0204m.       dZ/T =    0.02    1 : 2000551
            环闭合差 : NEU
                dN =    0.0385m.       dN/T =    0.05    1 : 1058940
                dE =    0.0059m.       dE/T =    0.01    1 : 6953647
                dPlane = 0.039m.        dPlane/T = 0.05    1 : 1046868
                dU =    0.0832m.       dU/T =    0.1     1 : 490228
```

图3-4-5　拓普康GPS闭合环原始解算报告格式

处理拓普康GPS同、异步环的主要代码示例如下：

```
Private Sub Command4_Click( )
If Option3.Value = True Then
'--------------处理拓普康GPS同、异步环文件--------------
Open CommonDialog3.FileName For Input As #1
CommonDialog4.Filter = "同步环文件(*.csv)|*.csv"
CommonDialog4.ShowSave
Open CommonDialog4.FileName For Append As #2
CommonDialog7.Filter = "异步环文件(*.csv)|*.csv"
CommonDialog7.ShowSave
Open CommonDialog7.FileName For Append As #3
m1 = 0      '环闭合差文件行数
m11 = 0
m12 = 0
m13 = 0
m14 = 0
m15 = 0
s1 = "环长 ="
s2 = "dX ="
s3 = "dY ="
s4 = "dZ ="
s5 = "\"
s9 = ", "
For i = 1 To 1000000
    If EOF(1) = True Then
        Exit For
    End If
    Line Input #1, str(i)
    m1 = m1 + 1
Next
For i = 1 To m1
    n1 = InStr(str(i), s1)            '环长出现位置
```

```
n5 = InStr(str(i), s5)              '以反斜杠判断时段号出现位置
If n1 > 1 Then
    m11 = m11 + 1                   '闭合环次序号
    hc1(m11) = str(i)              '环长字符串
    hm1(m11) = str(i - 1)         '环名字符串
    hm4(m11) = Right$(hm1(m11), Len(hm1(m11)) - 1)
    hcbh(m11) = i                  '环长行标号
    n3 = Len(hm1(m11))
    For j = 1 To n3
        hm2(m11) = Mid$(hm1(m11), j, 1) '每次取一个字符，不为TAB或空格即
串联
        If hm2(m11) = " " Or hm2(m11) = " " Then
            hm2(m11) = ""
        End If
        If j = 1 Then
            hm3(m11) = hm2(m11)
        End If
        If j > 1 Then
            hm3(m11) = hm3(m11) & hm2(m11)
        End If
    Next
    hc2(m11) = Val(Mid$(hc1(m11), n1 + 4, 7))    '环长值
    bs2(m11) = (Len(hm4(m11)) - 4) \ 7 + 1       '边数
End If
If n5 > 1 Then
    m15 = m15 + 1
    sdh1(m15) = str(i)                          '时段号字符串
    sdhbh(m15) = i                              '时段号行标号
    dxbh(m15) = i + 2                           'DX行标号
    dybh(m15) = i + 3                           'DY行标号
    dzbh(m15) = i + 4                           'DZ行标号
    sdh(m15) = Right$(sdh1(m15), Len(sdh1(m15)) - 2)    '时段号
    wx(m15) = Val(Mid$(str(i + 2), 9, 10))      'WX值
```

```
      wy(m15) = Val(Mid$(str(i + 3), 9, 10))      'WY值
      wz(m15) = Val(Mid$(str(i + 4), 9, 10))      'WZ值
   End If
Next
For i = 1 To m11
   For j = 1 To m15
      p = sdhbh(j)
      t1 = hcbh(i) + 3
      t2 = hcbh(i) + 13
      t3 = hcbh(i) + 23
      t4 = hcbh(i) + 33
      t5 = hcbh(i) + 43
      t6 = hcbh(i) + 53
      t7 = hcbh(i) + 63
      t8 = hcbh(i) + 73
      t9 = hcbh(i) + 83
      t10 = hcbh(i) + 93
      t11 = hcbh(i) + 103
      t12 = hcbh(i) + 113
      t13 = hcbh(i) + 123
      t14 = hcbh(i) + 133
      t15 = hcbh(i) + 143
      t16 = hcbh(i) + 153
      t17 = hcbh(i) + 163
      t18 = hcbh(i) + 173
      t19 = hcbh(i) + 183
      t20 = hcbh(i) + 193
      If p = t1 Or p = t2 Or p = t3 Or p = t4 Or p = t5 Or p = t6 Or p = t7 Or p = t8
Or p = t9 Or p = t10 Or p = t11 _
         Or p = t12 Or p = t13 Or p = t14 Or p = t15 Or p = t16 Or p = t17 Or p =
t18 Or p = t19 Or p = t20 Then
         hm(j) = hm3(i)
         hc(j) = hc2(i)
```

```
        bs(j) = bs2(i)
      End If
    Next
  Next
  For i = 1 To m15
  '-----区分同步异步环
  '循环提取环中基线的时段号
    sdh2(i, 1) = sdh(i)
    sdh3(i) = ""
    m2 = 0
    For j = 1 To bs(i)
      m2 = m2 + 1
      m21 = InStr(sdh2(i, j), s5)          '反斜杠位置
      m3 = m21 − 1
      m4 = Len(sdh2(i, j)) − m21 − 12
      sdz(i, m2) = Left$(sdh2(i, j), m3)   '提取环中每条边的时段号
      If j = 1 Then
        sdh3(i) = sdz(i, m2)               '时段号串联
      End If
      If j > 1 Then
        sdh3(i) = sdh3(i) & "、" & sdz(i, m2)       '时段号串联
      End If
      If j < bs(i) Then
        sdh2(i, j + 1) = Right$(sdh2(i, j), m4)
      End If
      If j = bs(i) Then
        Exit For
      End If
    Next
  Next
  For i = 1 To m15
    ztz(i) = 1       '状态值，若该值最后等于环边数，表明是同步环
    st(i) = sdz(i, 1)
```

```
      For j = 2 To bs(i)
          st(i) = st(i) & "-" & sdz(i, j)
          If sdz(i, 1) = sdz(i, j) Then
              ztz(i) = ztz(i) + 1
          End If
      Next
  Next
  m5 = 0
  m6 = 0
  For k = 1 To m15
      If ztz(k) = bs(k) Then
      '同步环
          m5 = m5 + 1
          s11(m5) = hm(k) & s9 & hc(k) & s9 & bs(k) & s9 & sdz(k, 1) & s9 & wx(k) &
  s9 & wy(k) & s9 & wz(k)
      End If
      If ztz(k) < bs(k) Then
      '异步环
          m6 = m6 + 1
          s12(m6) = hm(k) & "、" & hc(k) & "、" & bs(k) & "、" & sdh3(k) & "、" &
  wx(k) & "、" & wy(k) & "、" & wz(k)
      End If
  Next
  For i = 1 To m5
      Print #2, s11(i)
  Next
  For j = 1 To m6
      Print #3, s12(j)
  Next
  s13 = "转换完毕！共转换同步环 " & m5 & " 个，异步环 " & m6 & " 个，请检
  查转换后的文件！"
  MsgBox s13
  End If
```

经程序处理后的拓普康GPS同步环输出格式见表3-4-4。

表3-4-4 拓普康GPS同步环输出格式

环名	环长	边数	时段号	WX	WY	WZ
DY05-DY04-DY01	11637	3	0805a	0.001	0.0033	0.001
DY05-DY04-DY03	6806	3	0805a	0.0018	0.001	0.0004
DY05-DY04-DY02	10613	3	0805a	0.0004	0.0005	0.0028
DY05-DY04-DY06	7039	3	0805a	0.0001	0.0008	0.0015
DY05-DY06-DY01	10276	3	0805a	0.0001	0.0022	0.0003

经程序处理后的拓普康GPS异步环输出格式见表3-4-5。

表3-4-5 拓普康GPS异步环输出格式

环名	环长	边数	时段号	WX	WY	WZ
DY05-DY04-DY09-DY12-DY16-DY14	24085	6	0805a, 0805b, 0806a, 0808c, 0806b, 0808b	0.0047	0.0717	0.0423
DY05-DY04-DY09-DY12-DY16-DY17-DY20-III9	39669	8	0805a, 0805b, 0806a, 0808c, 0806b, 0806c, 0808a, 1218	0.027	0.0613	0.0139
DY05-DY04-DY09-DY12-DY16-DY18-III9	39426	7	0805a, 0805b, 0806a, 0808c, 0806b, 0808a, 1218	0.0407	0.0415	0.0097
DY05-DY04-DY09-DY13-DY14	18489	5	0805a, 0805b, 0806a, 0806b, 0808b	0.0104	0.0389	0.0498
DY05-DY04-DY09-DY13-DY17-DY20-III9	37141	7	0805a, 0805b, 0806a, 0806b, 0806c, 0808a, 1218	0.0148	0.039	0.0009

拓普康GPS基线解算成果格式如图3-4-6所示。

#	基线 从 - 到	解算 名称	X	相对坐标 (m) Y	Z	距离	中误差 (mm) s(X)	s(Y)	s(Z)	相关系数(%) X-Y	X-Z	Y-Z
1	DY01-DY05	1218	-3458.7905	-2111.5706	1983.7058	4511.8788	1.5	3.2	2.3	-47	-31	53
2	DY01-III7	1218	-7563.3666	3640.5370	-8988.4543	12298.3874	6.0	9.6	7.8	-66	-37	51
3	DY02-DY01	0805a	793.3290	268.5385	-111.5654	844.9442	1.2	2.0	1.2	-62	-37	74
4	DY02-DY03	0805a	163.8756	-1548.7864	2562.2338	2998.4390	1.2	2.0	1.2	-56	-31	70
5	DY03-DY01	0805a	629.4521	1817.3318	-2673.7945	3293.6426	2.4	4.7	3.1	-46	-29	74
6	DY04-DY01	0805a	490.0519	2130.3539	-3234.5932	3903.9918	2.6	4.9	3.5	-40	-22	72
7	DY04-DY02	0805a	-303.2770	1861.8152	-3123.0277	3648.5114	1.3	2.3	1.6	-54	-34	74
8	DY04-DY03	0805a	-139.4001	313.0254	-560.7992	657.2010	0.7	1.3	0.7	-47	-27	73
9	DY04-DY05	0805a	-2986.5533	-375.4419	-620.3629	3073.3219	1.1	2.1	1.3	-45	-25	73
10	DY04-DY09	0805b	-1155.3965	-2270.7153	3177.7051	4072.9472	3.2	7.9	5.6	-22	-17	65
11	DY05-DY01	0805a	3458.7940	2111.5851	-1983.7037	4511.8874	2.4	4.4	2.9	-46	-26	72
12	DY05-DY02	0805a	2665.4657	1843.0437	-1872.1401	3742.5160	1.3	2.3	1.4	-53	-33	74
13	DY05-DY03	0805a	2829.3412	294.2523	690.0908	2927.1114	1.1	1.9	1.1	-55	-32	74
14	DY05-DY04	0805a	2968.7432	-18.7721	1250.8904	3221.5703	1.1	2.0	1.2	-47	-26	74
15	DY05-DY06	0805a	-17.8100	-394.2132	630.5260	743.8308	0.6	1.0	0.6	-65	-37	73
16	DY01-III7	1218	-4104.5733	5752.1238	-10972.1495	13050.7668	6.7	11.1	10.2	-54	-32	48
17	DY06-DY01	1218	3476.6039	2505.8004	-2614.2294	5019.9607	2.7	5.2	3.5	-45	-27	74
18	DY06-DY02	0805a	2683.2783	2237.2595	-2502.6654	4297.5163	1.6	2.7	1.7	-60	-34	70
19	DY06-DY03	0805a	2847.1541	688.4681	59.5648	2929.8162	1.2	2.0	1.2	-56	-32	72
20	DY06-DY04	0805b	2986.5512	375.4432	620.3621	3073.3198	1.0	2.2	1.8	-24	-13	70

SUBNET '××项目××级GPS网' 基线解算成果 (X-Y-Z)

图3-4-6　　拓普康GPS基线解算成果格式

处理拓普康GPS重复基线解算成果的主要代码示例如下：

```
If Option4.Value = True Then
'————————处理拓普康GPS重复基线文件————————
    m1 = 0        '重复基线文件行数
    s1 = "-"
    s9 = ", "
For i = 1 To 1000000
    If EOF(1) = True Then
        Exit For
    End If
    Line Input #1, str(i)
    m1 = m1 + 1
Next
m2 = 0
For i = 1 To m1
    n1 = InStr(str(i), s1)
    If n1 = 11 Then
    '———提取基线数据行
        m2 = m2 + 1
        jx(m2) = str(i)
    End If
```

```
Next
For i = 1 To m2
    bm(i) = Mid$(jx(i), 7, 9)                '边名
    sdh(i) = Mid$(jx(i), 17, 5)              '时段号
    dx(i) = Val(Mid$(jx(i), 39, 12))         'DX值
    dy(i) = Val(Mid$(jx(i), 52, 12))         'DY值
    dz(i) = Val(Mid$(jx(i), 65, 12))         'DZ值
    s(i) = Val(Mid$(jx(i), 78, 12))          'S值
    bm1(i) = Left$(bm(i), 4)                 '边名首点
    bm2(i) = Right$(bm(i), 4)                '边名尾点
Next
m3 = 0
For i = 1 To m2 – 1
'---边名首尾对应相等或倒置相等均认定为重复基线
    For j = i + 1 To m2
        If bm1(i) = bm1(j) And bm2(i) = bm2(j) Or bm1(i) = bm2(j) And bm2(i) = bm1(j) Then
            m3 = m3 + 1
            sr1(m3) = bm(i)
            sr2(m3) = sdh(i)
            sr3(m3) = dx(i)
            sr4(m3) = dy(i)
            sr5(m3) = dz(i)
            sr6(m3) = s(i)
            sr7(m3) = sdh(j)
            sr8(m3) = dx(j)
            sr9(m3) = dy(j)
            sr10(m3) = dz(j)
            sr11(m3) = s(j)
            detx(m3) = Format(Abs(dx(j)) – Abs(dx(i)), "0.0000")
            dety(m3) = Format(Abs(dy(j)) – Abs(dy(i)), "0.0000")
            detz(m3) = Format(Abs(dz(j)) – Abs(dz(i)), "0.0000")
            dets(m3) = Format((s(j) – s(i)), "0.0000")
```

```
        End If
      Next
   Next
For i = 1 To m3
      s11(i) = sr1(i) & s9 & sr2(i) & s9 & sr3(i) & s9 & sr4(i) & s9 & sr5(i) & s9 &
sr6(i) & s9 & sr7(i) _
         & s9 & sr8(i) & s9 & sr9(i) & s9 & sr10(i) & s9 & sr11(i)
   Print #2, s11(i)
Next
s13 = "转换完毕！共转换重复基线 " & m3 & " 条，请检查转换后的文件！"
MsgBox s13
End If
End Sub
```

经程序处理后的拓普康GPS重复基线输出格式见表3-4-6。

表3-4-6　拓普康GPS重复基线输出格式

边名	第一时段					第二时段				
	时段号	DX	DY	DZ	S	时段	DX	DY	DZ	S
DY01–DY05	1218	−3458.7905	−2111.5706	1983.7058	4511.8788	0805a	3458.794	2111.5851	−1983.7037	4511.8874
DY04–DY06	0805a	−2986.5533	−375.4419	−620.3629	3073.3219	0805b	2986.5512	375.4432	620.3621	3073.3198
DY07–DY09	0805b	2168.0725	−482.1132	1666.3715	2776.6465	0805c	2168.0655	−482.085	1666.386	2776.6448
DY07–DY10	0805b	2896.3477	−290.0382	1658.3632	3350.0926	0805c	2896.3439	−290.0288	1658.3745	3350.0942
DY09–DY11	0806a	−2701.0149	−1112.3839	673.944	2997.8459	0805c	2701.016	1112.3949	−673.9419	2997.8504

中海达GPS同、异步环闭合差原始解算报告格式如图3-4-7所示。

基线名	基线解	中误差	X增量	Y增量	Z增量	斜距
DL01→DL02.3291	99.9	0.0053	405.5310	368.0723	-500.3355	741.8006
DL01→DL03.3291	99.9	0.0046	-315.7965	-338.8861	414.9969	621.9274
DL02→DL03.3291	29.2	0.0039	-721.3282	-706.9563	915.3323	1363.0608

同步环（3条基线）相对误差= 0.81ppm∑X= 0.0007 ∑Y=-0.0021 ∑Z= 0.0001　　2726.7888

基线名	基线解	中误差	X增量	Y增量	Z增量	斜距
DL01→DL04.3290	99.9	0.0063	414.6302	-177.0095	502.9501	675.4327
DL01→DL03.3291	99.9	0.0046	-315.7965	-338.8861	414.9969	621.9274
DL03→DL04.3290	61.0	0.0058	730.4265	161.8762	87.9537	753.3011

同步环（3条基线）相对误差= 0.36ppm∑X=-0.0003 ∑Y=-0.0004 ∑Z= 0.0005　　2050.6612

图3-4-7　中海达GPS同、异步环闭合差原始解算报告格式

处理中海达GPS同、异步环的主要代码示例如下：

```
Private Sub Command6_Click( )
If Option5.Value = True Then
'--------------处理中海达GPS同步环文件--------------
s1 = ", "
s2 = "同步环("
m1 = 0          '闭合环文件行数
m2 = 0          '同步环个数
For i = 1 To 1000000
    If EOF(1) = True Then
        Exit For
    End If
    Line Input #1, str(i)
    m1 = m1 + 1
Next
For i = 1 To m1
    n1 = InStr(str(i), s2)
    If n1 > 1 Then
        m2 = m2 + 1
        hbh(m2) = i                    '行标号
        bs(m2) = Val(Mid$(str(i), 6, 2))        '同步环边数
        wx(m2) = Val(Mid$(str(i), 29, 7))       'WX值
        wy(m2) = Val(Mid$(str(i), 40, 7))       'WY值
```

```
        wz(m2) = Val(Mid$(str(i), 51, 7))          'WZ值
        hc(m2) = Val(Mid$(str(i), 58, 13))         '环长值
    End If
Next
For i = 1 To m2
'提取每一个环的点名
    For j = 1 To bs(i)
        dm1(i, j) = Mid$(str(hbh(i) – j – 1), 3, 4)
        dm2(i, j) = Mid$(str(hbh(i) – j – 1), 8, 4)
    Next
Next
For i = 1 To m2
'分析点名得到hm1
    hm1(i, 1) = dm1(i, 1)
    hm1(i, 2) = dm2(i, 1)
    m3(i) = 2        '含重名点的环点数
    For j = 2 To bs(i)
        If dm1(i, 1) <> dm1(i, j) And dm2(i, 1) <> dm1(i, j) Then
            m3(i) = m3(i) + 1
            hm1(i, m3(i)) = dm1(i, j)
        End If
        If dm1(i, 1) <> dm2(i, j) And dm2(i, 1) <> dm2(i, j) Then
            m3(i) = m3(i) + 1
            hm1(i, m3(i)) = dm2(i, j)
        End If
    Next
Next
For i = 1 To m2
    m4(i, m3(i)) = 0
    For j = 1 To m3(i) – 1
        m4(i, j) = 0                    '状态值，为零表示无重复的点名
        For k = j + 1 To m3(i)
            If hm1(i, j) = hm1(i, k) Then
```

```
        m4(i, j) = m4(i, j) + 1
      End If
    Next
  Next
Next
For i = 1 To m2
  hm(i) = hm1(i, 1)
  For j = 2 To m3(i)
    If m4(i, j) = 0 Then
      hm(i) = hm(i) & "-" & hm1(i, j)
    End If
  Next
Next
For i = 1 To m2
  s11 = hm(i) & s1 & hc(i) & s1 & bs(i) & s1 & wx(i) & s1 & wy(i) & s1 & wz(i)
  Print #2, s11
Next
s12 = "转换完毕！共转换同步环 " & m2 & " 个，请检查转换后的文件！ "
MsgBox s12
End If
If Option6.Value = True Then
'--------------处理中海达GPS异步环文件----------------
s1 = ", "
s2 = "异步环("
m1 = 0          '闭合环文件行数
m2 = 0          '同步环个数
For i = 1 To 1000000
  If EOF(1) = True Then
    Exit For
  End If
  Line Input #1, str(i)
  m1 = m1 + 1
Next
```

```
For i = 1 To m1
  n1 = InStr(str(i), s2)
  If n1 > 1 Then
    m2 = m2 + 1
    hbh(m2) = i            '行标号
    bs(m2) = Val(Mid$(str(i), 6, 2))      '异步环边数
    wx(m2) = Val(Mid$(str(i), 29, 7))      'WX值
    wy(m2) = Val(Mid$(str(i), 40, 7))      'WY值
    wz(m2) = Val(Mid$(str(i), 51, 7))      'WZ值
    hc(m2) = Val(Mid$(str(i), 58, 13))      '环长值
  End If
Next
For i = 1 To m2
'提取每一个环的点名
  For j = 1 To bs(i)
    dm1(i, j) = Mid$(str(hbh(i) – j – 1), 3, 4)
    dm2(i, j) = Mid$(str(hbh(i) – j – 1), 8, 4)
  Next
Next
For i = 1 To m2
'分析点名得到hm1
  hm1(i, 1) = dm1(i, 1)
  hm1(i, 2) = dm2(i, 1)
  m3(i) = 2      '含重名点的环点数
  For j = 2 To bs(i)
    If dm1(i, 1) <> dm1(i, j) And dm2(i, 1) <> dm1(i, j) Then
      m3(i) = m3(i) + 1
      hm1(i, m3(i)) = dm1(i, j)
    End If
    If dm1(i, 1) <> dm2(i, j) And dm2(i, 1) <> dm2(i, j) Then
      m3(i) = m3(i) + 1
      hm1(i, m3(i)) = dm2(i, j)
    End If
  End If
```

```
        Next
    Next
    For i = 1 To m2
        m4(i, m3(i)) = 0
        For j = 1 To m3(i) − 1
            m4(i, j) = 0          '状态值，为零表示无重复的点名
            For k = j + 1 To m3(i)
                If hm1(i, j) = hm1(i, k) Then
                    m4(i, j) = m4(i, j) + 1
                End If
            Next
        Next
    Next
    For i = 1 To m2
        hm(i) = hm1(i, 1)
        For j = 2 To m3(i)
            If m4(i, j) = 0 Then
                hm(i) = hm(i) & "−" & hm1(i, j)
            End If
        Next
    Next
    For i = 1 To m2
        s11 = hm(i) & s1 & hc(i) & s1 & bs(i) & s1 & wx(i) & s1 & wy(i) & s1 & wz(i)
        Print #2, s11
    Next
    s12 = "转换完毕！共转换异步环 " & m2 & " 个，请检查转换后的文件！"
    MsgBox s12
End If
```

经程序处理后的中海达GPS同步环输出格式见表3-4-7。

表3-4-7　中海达GPS同步环输出格式

环名	环长	边数	WX	WY	WZ
DL02–DL03–DL01	2726.7888	3	0.0007	–0.0021	0.0001
DL03–DL04–DL01	2050.6612	3	–0.0003	–0.0004	0.0005
KC01–KC03–DL01	15089.5886	3	0	–0.0004	–0.0002
JB01–JB02–DL03	13294.2022	3	0.0001	–0.0003	0.0002
JB01–JB03–DL03	11953.3252	3	–0.0001	–0.0006	0.0018

经程序处理后的中海达GPS异步环输出格式见表3-4-8。

表3-4-8　中海达GPS异步环输出格式

环名	环长	边数	WX	WY	WZ
FL04–Z316–FL03	21564.0608	3	0.01	0.0515	0.0323
HY05–Z316–FL03	28099.0677	3	–0.0124	–0.0729	–0.0228
MT03–Z316–FL03	30070.8147	3	–0.0093	–0.0608	–0.0355
Z310–Z316–FL03	28584.3704	3	–0.022	–0.0898	–0.0424
HY05–Z317–FL07	20307.6217	3	0.0341	–0.033	–0.0241

中海达GPS重复基线原始解算报告格式如图3-4-8所示。

```
  基线名          基线解  中误差     X增量         Y增量        Z增量        斜距
-----------------------------------------------------------------------------------
FL03→Z316.3270    10.1   0.0169   9170.8821    -397.2990    4807.9730    10362.4094
FL03→Z316.3300     6.8   0.0130   9170.9004    -397.2268    4808.0030    10362.4367

重复边(2条基线)相对误差= 3.88ppm∑X= 0.0183 ∑Y= 0.0722 ∑Z= 0.0300   20724.8461

  基线名          基线解  中误差     X增量         Y增量        Z增量        斜距
-----------------------------------------------------------------------------------
HY03→Z316.3261    34.8   0.0100   6211.8373    2982.8281   -2235.4210    7244.3974
HY03→Z316.3270    63.5   0.0074   6211.8476    2982.7986   -2235.4384    7244.3995
HY03→Z316.3351     7.9   0.0068   6211.8450    2982.8240   -2235.4240    7244.4032

重复边(3条基线)相对误差= 1.65ppm∑X= 0.0103 ∑Y= 0.0295 ∑Z= 0.0174   21733.2001
```

图3-4-8　中海达GPS重复基线原始解算报告格式

处理中海达GPS重复基线解算成果的主要代码示例如下:

```
If Option7.Value = True Then
```

```
'---------------处理中海达GPS重复基线文件---------------
s1 = ", "
s2 = "重复边("
m1 = 0          '重复基线文件行数
m2 = 0          '重复基线条数（不计重复）
For i = 1 To 1000000
    If EOF(1) = True Then
        Exit For
    End If
    Line Input #1, str(i)
    m1 = m1 + 1
Next
For i = 1 To m1
    n1 = InStr(str(i), s2)
    If n1 > 1 Then
        m2 = m2 + 1
        hbh(m2) = i          '行标号
        bs(m2) = Val(Mid$(str(i), 6, 2))          '每条重复基线观测次数
    End If
Next
For i = 1 To m2
'提取字段值
    If bs(i) Mod 2 = 0 Then
        m3(i) = bs(i)
        For j = 1 To m3(i)
            bm(i, j) = Mid$(str(hbh(i) – j – 1), 3, 14)          '边名及时段号
            p1(i, j) = Val(Mid$(str(hbh(i) – j – 1), 36, 16))          'DX值
            p2(i, j) = Val(Mid$(str(hbh(i) – j – 1), 52, 13))          'DY值
            p3(i, j) = Val(Mid$(str(hbh(i) – j – 1), 65, 13))          'DZ值
            p4(i, j) = Val(Mid$(str(hbh(i) – j – 1), 78, 13))          'S值
        Next
    End If
    If bs(i) Mod 2 = 1 Then
```

```
    m3(i) = bs(i) + 1
    For j = 1 To m3(i)
      If j < m3(i) Then
        bm(i, j) = Mid$(str(hbh(i) – j – 1), 3, 14)        '边名及时段号
        p1(i, j) = Val(Mid$(str(hbh(i) – j – 1), 36, 16))  'DX值
        p2(i, j) = Val(Mid$(str(hbh(i) – j – 1), 52, 13))  'DY值
        p3(i, j) = Val(Mid$(str(hbh(i) – j – 1), 65, 13))  'DZ值
        p4(i, j) = Val(Mid$(str(hbh(i) – j – 1), 78, 13))  'S值
      End If
      If j = m3(i) Then
        bm(i, j) = bm(i, j – 2)
        p1(i, j) = p1(i, j – 2)
        p2(i, j) = p2(i, j – 2)
        p3(i, j) = p3(i, j – 2)
        p4(i, j) = p4(i, j – 2)
      End If
    Next
  End If
Next
For i = 1 To m2
  For j = 1 To m3(i) Step 2
    s3 = bm(i, j) & s1 & p1(i, j) & s1 & p2(i, j) & s1 & p3(i, j) & s1 & p4(i, j)
    s4 = bm(i, j + 1) & s1 & p1(i, j + 1) & s1 & p2(i, j + 1) & s1 & p3(i, j + 1) & s1
& p4(i, j + 1)
    s5 = s3 & s1 & s4
    Print #2, s5
  Next
Next
s11 = "转换完毕！共转换重复基线 " & m2 & " 条，请检查转换后的文件！"
MsgBox s11
End If
```

经程序处理后的中海达GPS重复基线输出格式见表3-4-9。

表3-4-9 中海达GPS重复基线输出格式

第一时段					第二时段				
边名及时段号	DX	DY	DZ	S	边名及时段号	DX	DY	DZ	S
FL03→Z316.3300	9170.9004	−397.2268	4808.003	10362.4367	FL03→Z316.3270	9170.8821	−397.299	4807.973	10362.4094
FL03→Z317.3301	4318.437	−2497.5857	6172.6442	7936.5212	FL03→Z317.3270	4318.4028	−2497.5499	6172.6608	7936.5043
FS01→FS02.3361	171.85	345.0237	−559.2657	679.2289	FS01→FS02.3291	171.8465	345.0345	−559.2619	679.2304
FS01→KC01.3360	3778.2383	−1399.7292	4416.7938	5978.4942	FS01→KC01.3291	3778.2372	−1399.7023	4416.8221	5978.5082
FS02→KC01.3360	3606.3892	−1744.756	4976.0566	6388.3766	FS02→KC01.3291	3606.3926	−1744.741	4976.0779	6388.391

中海达GPS自由网基改原始解算报告格式如图3-4-9所示。

```
基线名          DX(m)        DY(m)        DZ(m)        距离         中误差  (m)
               dx(m)        dy(m)        dz(m)        ds(m)        相对误差
DL01→DL02.3291  405.5313     368.0711    -500.3362     741.8008      0.0048
                0.0003       -0.0012      -0.0008       0.0001   1: 155800
DL01→DL03.3291  -315.7967    -338.8855    414.9959     621.9265      0.0042
                -0.0002       0.0006      -0.0010      -0.0009   1: 149245
DL01→DL04.3290  414.6300     -177.0100    502.9499     675.4326      0.0057
                -0.0002       -0.0005     -0.0002      -0.0001   1: 117587
DL01→KC01.3291  -5331.7679   -3668.1610   3824.8223    7517.4743     0.0042
                -0.0001        0.0017      0.0024       0.0002   1: 1798913
```

图3-4-9 中海达GPS自由网基改原始解算报告格式

处理中海达GPS自由网基改解算成果的主要代码示例如下：

```
If Option8.Value = True Then
'--------------处理中海达GPS自由网基改文件--------------
s1 = ","
s2 = "→"
m1 = 0          '自由网基改文件行数
m2 = 0          '自由网基改个数
m6 = 0          '相对误差个数
For i = 1 To 1000000
```

```
        If EOF(1) = True Then
            Exit For
        End If
        Line Input #1, str(i)
        m1 = m1 + 1
    Next
    For i = 1 To m1
        n1 = InStr(str(i), s2)
        If n1 > 1 Then
            m2 = m2 + 1
            jxm(m2) = Mid$(str(i), 2, 14)
            wx(m2) = Val(Mid$(str(i + 1), 17, 13))
            wy(m2) = Val(Mid$(str(i + 1), 30, 12))
            wz(m2) = Val(Mid$(str(i + 1), 42, 12))
            s(m2) = Val(Mid$(str(i), 54, 12))
        End If
        If n1 < 1 And i > 2 Then
            m6 = m6 + 1
            xdwc(m6) = Right$(str(i), 10)
        End If
    Next
    For i = 1 To m2
        s3 = jxm(i) & s1 & s(i) & s1 & wx(i) & s1 & wy(i) & s1 & wz(i) & s1 & xdwc(i)
        Print #2, s3
    Next
    s4 = "转换完毕！共转换自由网基线 " & m2 & " 条，请检查转换后的文件！ "
    MsgBox s4
    End If
End Sub
```

经程序处理后的中海达GPS自由网基改输出格式见表3-4-10。

表3-4-10　中海达GPS自由网基改输出格式

边名	边长	$V_{\Delta X}$	$V_{\Delta Y}$	$V_{\Delta Z}$
DL01→DL02.3291	741.8008	0.0003	−0.0012	−0.0008
DL01→DL03.3291	621.9265	−0.0002	0.0006	−0.001
DL01→DL04.3290	675.4326	−0.0002	−0.0005	−0.0002
DL01→KC01.3291	7517.4743	0.0003	0.0017	0.0024
DL01→KC03.3291	6722.098	−0.0002	−0.0014	−0.0006

4　地籍数据处理

4.1　图斑错误文件转换

在使用南方CASS 7.0进行地籍入库图形前期处理时，为确保地类图斑之间没有交叉，需要使用图斑叠盖检查功能。使用该功能后，会产生一个名为CheckTuban.log的错误日志文件，将存在交叉的位置信息输出到该文件中。为了定位，便于逐一对照修改，通常的做法是复制这些位置坐标，利用画线或画圆命令在CASS下逐一查找、修改。虽然方法很可靠，但是频繁切换界面会导致工作效率低。为此，本节示例通过VB 6.0程序设计来提取错误位置的坐标，生成新的可供LISP程序直接读取的表文件，并编写批量读取表文件数据进行画圆的LISP程序，再在CASS软件下加载LISP程序，使用命令直接一次性画圆标记所有的错误位置。

在编绘土地整理勘测定界图时，如果需要在地类编码和图斑编号外加一个圆圈，可以通过VB 6.0程序设计来提取地类分数线中点坐标，以此为所画圆的圆心点坐标，再另编写LISP画圆程序，即可通过命令直接一次性为所有地类图斑注记添加圆圈。

根据需要，设计图斑错误文件转换程序，界面如图4-1-1所示。

图4-1-1　图斑错误文件转换程序界面

错误日志文件CheckTuban.log的格式示例如下：

1,图斑 1 存在空隙
起点: 3265305.104, 224835.881　终点: 3265262.128, 224815.406
2,图斑 1 存在空隙
起点: 5177.231, 5030.988　终点: 5168.245, 4962.399
3,图斑 1 存在空隙
起点: 6.013, 4.527　终点: 31.079, 23.890
4,图斑 1 存在空隙
起点: 265210.379, 225138.867　终点: 265188.424, 225105.707
5,图斑 1 存在空隙
起点: 265095.669, 224728.473　终点: 265125.041, 224744.950

提取图斑叠盖检查错误位置坐标的主要代码示例如下：

```
Option Base 1
Private Sub Command1_Click( )
s1 = "(("
s2 = "" ""
s3 = "X"
s4 = "Y"
s5 = ")("
s6 = "))"
s7 = s1 & s2 & s3 & s2
s8 = s5 & s2 & s4 & s2
st1 = "终点"
st2 = ", "
```

```
Do While Not EOF(1)
    Line Input #1, str
        n = Len(str)
        L = (n + 1) / 2
        L1 = Right$(str, 4)
        L2 = Right$(str, 5)
        L3 = Val(L1)
        L4 = Val(L2)
    If L3 > 0 And L3 < 1 Then          '判断空隙
        str1 = str
        str2 = Right$(str1, L)
        n1 = InStr(str2, st1)
        n2 = InStr(str2, st2)
        n3 = n1 + 4
        n4 = n2 + 1
        n5 = n2 – n3            '空隙终点X坐标的字符长度
        n6 = L – n2                    '空隙终点Y坐标的字符长度
        a = Mid$(str2, n3, n5)         '提取空隙终点X坐标
        b = Mid$(str2, n4, n6)         '提取空隙终点Y坐标
        x1 = Val(a)
        y1 = Val(b)
        s9 = s7 & x1 & s8 & y1 & s6
    Print #2, s9
    End If
    If L3 > 1 Then                     '判断交叉
        str1 = str
        n1 = InStr(str1, st2)
        n2 = n1 + 1
        n3 = n1 – 7
        n4 = n – n1
        a = Mid$(str1, 7, n3)          '提取交叉位置X坐标
        b = Mid$(str1, n2, n4)         '提取交叉位置Y坐标
        x1 = Val(a)
```

```
    y1 = Val(b)
    s9 = s7 & x1 & s8 & y1 & s6
  Print #2, s9
  End If
Loop
MsgBox "文件已成功转换完毕！"
End Sub
```

　　通过以上代码即可提取错误日志中的终点坐标作为所画圆的圆心坐标。生成的供LISP程序调用的圆心坐标的表文件格式示例如下。

```
(("X"3265262.128)("Y"224815.406))
(("X"5168.245)("Y"4962.399))
(("X"31.079)("Y"23.89))
(("X"265188.424)("Y"225105.707))
(("X"265125.041)("Y"224744.95))
```

　　提取地类图斑画圆坐标的主要代码示例如下：

```
Private Sub Command2_Click( )
s1 = "(("
s2 = """ """
s3 = "X"
s4 = "Y"
s5 = ")("
s6 = "))"
s7 = s1 & s2 & s3 & s2
s8 = s5 & s2 & s4 & s2
n = 0
Do While Not EOF(3)
  n = n + 1
  Line Input #3, str(n)
Loop
n1 = 0
```

```
For i = 1 To n
  For j = 2 To 8 Step 2
    If str(i) = "FSX" Then
      If str(i + j) = "AcDbPolyline" Then
        n1 = n1 + 1
        x1(n1) = Val(str(i + j + 10))
        y1(n1) = Val(str(i + j + 12))
        x2(n1) = Val(str(i + j + 14))
        y2(n1) = Val(str(i + j + 16))
        x3(n1) = (x1(n1) + x2(n1)) / 2#      '地类分数线中点X坐标
        y3(n1) = (y1(n1) + y2(n1)) / 2#      '地类分数线中点Y坐标
      End If
    End If
    If str(i) = "DLJ" Then
      If str(i + j) = "AcDbLine" Then
        n1 = n1 + 1
        x1(n1) = Val(str(i + j + 2))
        y1(n1) = Val(str(i + j + 4))
        x2(n1) = Val(str(i + j + 8))
        y2(n1) = Val(str(i + j + 10))
        x3(n1) = (x1(n1) + x2(n1)) / 2#      '地类分数线中点X坐标
        y3(n1) = (y1(n1) + y2(n1)) / 2#      '地类分数线中点Y坐标
      End If
    End If
  Next
Next
For i = 1 To n1
  s9 = s7 & Format$(x3(i), "0.000000") & s8 & Format$(y3(i), "0.000000") & s6
  Print #4, s9
Next
st = "文件已成功转换完毕！共转换坐标 " & n1 & "个，请检查转换后的
数据！"
MsgBox st
```

End Sub

上述代码运行的结果文件格式也是供LISP程序调用的圆心坐标的表文件格式，与提取图斑叠盖检查错误位置坐标的运行结果类似。

4.2 街坊点、线文件处理

地籍图形数据入库中，权属信息数据入库是一项重要内容。权属信息数据主要包括权属界址点和界址线，这两项内容在权属图形修改完善后分别形成点文件（*.lab）和线文件（*.lin），本节示例展示了如何通过VB 6.0程序设计来读取点、线文件，生成地籍入库所需要的XY文件和lin文件。设计街坊点、线文件处理程序，界面如图4-2-1所示。

图4-2-1 街坊点、线文件处理程序界面

点文件用于存储街坊界址点编号和坐标，其格式为：街坊界址点统编号，Y坐标，X坐标。点文件格式示例如下：

```
706, 251960.65, 240323.67
705, 251961.27, 240325.50
704, 251986.13, 240399.39
703, 251987.16, 240402.37
702, 251992.29, 240417.23
```

线文件用于存储宗地基本权属信息、界址拐点及连线信息，其格式为：首行表示本宗地界址点总数，中间依次顺序表示界址拐点坐标，尾行表示权属界线标识码、宗地编码、权利人名称、地类编码。线文件格式示例如下：

```
4
251629.28, 240159.91
251715.09, 240168.23
251800.32, 240176.49
251869.17, 240182.98
, 300000, JD1–2–5, 国有道路, 262
6
252042.09, 239396.13
252041.83, 239414.74
252035.13, 239449.88
252015.83, 239449.22
252012.45, 239447.58
251955.30, 239446.24
, 300000, JD1–2–6, 有限公司丁, 211
```

通过点文件和线文件生成XY文件和lin文件的主要代码示例如下：

```
Option Base 1
Dim a( ) As Double
Private Sub Command2_Click( )
fn11 = CommonDialog1.FileName
fn21 = CommonDialog2.FileName
ln11 = Len(fn11)
ln21 = Len(fn21)
ln12 = ln11 – 4
ln22 = ln21 – 5
fn12 = Left$(fn11, ln12)
fn22 = Left$(fn21, ln22)
'————— 以下代码用于生成界址点成果.XY文件 —————
s1 = ", "
s2 = "5"
s9 = "J"
s8 = "–"
'–*–*–*–*– 获取lab文件长度n –*–*–*–*–
```

```
n = 0
For i = 1 To 100000
  If EOF(1) = True Then
    Exit For
  End If
  Line Input #1, sr1(i)
  n = n + 1
Next
ReDim a(n, 3)
For i = 1 To n
  n1 = Len(sr1(i))
  n2 = InStr(sr1(i), s1) + 1              'Y坐标在sr1(i)字符串中的起始位置
  str1 = Right$(sr1(i), n1 – n2 + 1)      '坐标字符串
  n3 = InStr(str1, s1) + n2               'X坐标在sr1(i)字符串中的起始位置
  n4 = n1 – n3 + 1       'X坐标字符长度
  n5 = n1 – n4 – n2      'Y坐标字符长度
  st1 = Left$(sr1(i), n2 – 2)
  st2 = Mid$(sr1(i), n2, n5)
  st3 = Right$(sr1(i), n4)
  a(i, 1) = Val(st1)       '界址点街坊内编号值
  a(i, 2) = Val(st2)       'Y坐标值
  a(i, 3) = Val(st3)       'X坐标值
Next
'–*–*–*–*– 根据.XY文件界址点号按从小到大排序 –*–*–*–*–
For i = 1 To n – 1
  For j = i + 1 To n
    If a(i, 1) > a(j, 1) Then
      t1 = a(i, 1)
      t2 = a(i, 2)
      t3 = a(i, 3)
      a(i, 1) = a(j, 1)
      a(i, 2) = a(j, 2)
      a(i, 3) = a(j, 3)
```

```
            a(j, 1) = t1
            a(j, 2) = t2
            a(j, 3) = t3
         End If
      Next
   Next
   '---lab文件重复点检查
   bk = 0
   For i = 1 To n - 1
      For j = i + 1 To n
         If a(i, 2) = a(j, 2) And a(i, 3) = a(j, 3) Then
            lbcd(bk + 1) = a(i, 1) & "----" & a(j, 1) & "坐标重复, 所在lab文件行: " & i & ", " & j
            bk = bk + 1
         End If
      Next
   Next
   If bk = 0 Then
      s83 = "---未发现lab文件存在重复点---"
   End If
   If bk > 0 Then
      s83 = "警告: 发现lab文件存在重复点! 详细信息已发送至'lab文件重复点.txt', 请参照原宗地图改正! "
      Open "lab文件重复点.txt" For Output As #6
      For i = 1 To bk
         Print #6, lbcd(i)
      Next
   End If
   For i = 1 To n
      s3 = a(i, 1) & s1 & Format$(a(i, 3), "#.000") & s1 & Format$(a(i, 2), "#.000") & s1 & s2
      Print #3, s3
   Next
```

```
'--------- 以上代码用于生成界址点成果.XY文件 ---------
'--------- 以下代码用于生成宗地连线.lin文件 ---------
h = 0
For i = 1 To 100000
  If EOF(2) = True Then
    Exit For
  End If
  Line Input #2, sr2(i)
  h = h + 1    '-*- 获取lin文件长度h -*-
Next
k = 1
m = 1
For i = 1 To h
  n6 = Len(sr2(i))
  n8 = InStr(sr2(i), s9)
  n9 = n6 - n8 + 1
  v = InStr(sr2(i), s1)
  If v = 0 Then
    n7(k) = Val(sr2(i))           '各宗地界址点数
  End If
  If v > 1 Then
    w1 = InStr(sr2(i), s1) - 1
    w2 = w1 + 1
    w3 = n6 - w2
    b(m, 1) = Val(Right$(sr2(i), w3))        'X坐标值
    b(m, 2) = Val(Left$(sr2(i), w1))         'Y坐标值
    m = m + 1
  End If
  If v = 1 Then
    If n6 <= 21 Then
      s10 = " lin文件宗地信息行出错!所在行号:" & i
      MsgBox s10
    End If
```

```
   If n6 > 21 Then
      zd(k) = Right$(sr2(i), n9)
      k = k + 1
   End If
  End If
Next
k = k – 1              '宗地数
m = m – 1              'lin文件坐标数
For i = 1 To k
  n10 = Len(zd(i))
  n11 = InStr(zd(i), s1) – 1
  n12 = n11 + 2
  n13 = n10 – n11 – 5
  st4(i) = Left$(zd(i), n11)          '宗地四级完整编码号
  st5(i) = Mid$(zd(i), n12, n13)      '权利人名称
  st6(i) = Right$(zd(i), 3)           '地类号
Next
For i = 1 To m
  For j = 1 To n
  e1 = Abs(b(i, 1) – a(j, 3))
  e2 = Abs(b(i, 2) – a(j, 2))
  If e1 = 0 And e2 = 0 Then
     d(i) = a(j, 1)                   '界址点街坊内编号
  End If
  Next
Next
t = 1
For i = 1 To k
  For j = 1 To n7(i)
    If j = 1 Then
       c(i) = s1 & d(t) & s1          '串联界址点街坊内编号值
    End If
    If j > 1 Then
```

```
        c(i) = c(i) & d(t) & s1
      End If
      t = t + 1
    Next
  Next
'————— 以上代码用于生成宗地连线.lin文件 —————
```

XY文件中每行表示一个界址点，其格式为：街坊界址点统编号，X坐标，Y坐标，界桩类型码。生成的XY文件示例如下：

```
1, 239162.490, 250119.970, 4
2, 239150.850, 250040.930, 4
3, 239148.790, 250041.280, 4
4, 239146.940, 250032.230, 4
5, 239149.470, 250030.150, 4
```

lin文件中每行表示一个宗地，其格式为：宗地编码，地类编码，宗地界址点总数，依序表示的本宗地街坊界址点统编号，权利人名称。生成的lin文件示例如下：

```
JD1-3-1, 100, 6, 574, 458, 457, 456, 455, 575, 社区居民委员会一组
JD1-3-2, 100, 4, 573, 459, 458, 574, 社区居民委员会二组
JD1-3-3, 221, 10, 680, 675, 679, 678, 681, 682, 683, 684, 685, 686, 有限公司甲
JD1-3-4, 221, 8, 675, 676, 669, 674, 673, 677, 678, 679, 有限责任公司乙
JD1-3-5, 242, 6, 1122, 1123, 1124, 1125, 1126, 1127, 希望小学
JD1-3-6, 272, 11, 833, 706, 705, 704, 731, 737, 736, 834, 835, 836, 837, 国有河道
JD1-3-7, 261, 15, 1, 2, 3, 4, 5, 6, 7, 8, 9, 10, 11, 12, 13, 14, 15, 铁路公司丙
```

按理说，程序运行到这里就结束了，但是地籍数据的复杂性在于：由于测量人员的操作不规范，会导致大量的数据异常，程序必须对常出现的异常数据进行辨别并给出提示，以便测量人员快速整改数据达到入库标准。上述

示例在生成界址点成果.XY文件时，已对lab文件是否存在重复点进行了检查。但这还不够，还要识别边长是否超过限差，即需要判断数据中有无超出程序界面上分别对国有和集体土地设置的边长限值。判断边长是否超过限差的主要代码示例如下：

```
'-*-*-*-*- ↓判断边长是否超过限差↓ -*-*-*-*-
For i = 1 To k
  If i = 1 Then
    zzh(i) = n7(i)
    qsh(i) = 1
  End If
  If i > 1 Then
    zzh(i) = zzh(i - 1) + n7(i)
    qsh(i) = zzh(i) - n7(i) + 1
  End If
Next
bc = 1
bd = 0
s61 = Val(Text1.Text)
s62 = Val(Text2.Text)
For i = 1 To k
  For j = qsh(bc) To zzh(bc)
    If j < zzh(bc) Then
      s(j) = Sqr((b(j + 1, 1) - b(j, 1)) * (b(j + 1, 1) - b(j, 1)) + (b(j + 1, 2) - b(j, 2)) * (b(j + 1, 2) - b(j, 2)))
    End If
    If j = zzh(bc) Then
      s(j) = Sqr((b(zzh(bc), 1) - b(qsh(bc), 1)) * (b(zzh(bc), 1) - b(qsh(bc), 1)) + (b(zzh(bc), 2) - b(qsh(bc), 2)) * (b(zzh(bc), 2) - b(qsh(bc), 2)))
    End If
    If s(j) >= s61 And st6(i) <> "100" Then
      s21(bd + 1) = "国有土地超限边宗地号：" & st4(bc) & "，边长：" & Format$(s(j), "0.00") & "，起始位置：" & Format$(b(j, 2), "0.00") & s1 &
```

```
Format$(b(j, 1), "0.00")
        bd = bd + 1
    End If
    If s(j) >= s62 And st6(i) = "100" Then
      s21(bd + 1) = "集体土地超限边宗地号： " & st4(bc) & "，边长：
" & Format$(s(j), "0.00") & "，起始位置： " & Format$(b(j, 2), "0.00") & s1 &
Format$(b(j, 1), "0.00")
        bd = bd + 1
    End If
    Next
    bc = bc + 1
Next
If bd <= 0 Then
    s81 = "---未发现存在超出限差的界址边---"
End If
If bd > 0 Then
    s81 = "警告： 存在超出限差的界址边！详细信息已发送至'宗地超限
边.txt'，请参照坐标检查原宗地图！"
    Open "宗地超限边.txt" For Output As #7
    For i = 1 To bd
      Print #7, s21(i)
    Next
End If
'-*-*-*-*- ↑判断边长是否超过限差↑ -*-*-*-*-
```

通过示例可以看到，在程序中，必须要对产生错误的数据精确定位，才能对其进行修改完善。示例中直接通过分析定位，确定了超限宗地和其超限边的起始位置。

对于线文件，还需要检查宗地内有无重复点，主要代码示例如下：

```
'---lin文件同一宗地重复点检查
bf = 1
For i = 1 To k
```

```
    For j = qsh(i) To zzh(i) - 1
        For f = j + 1 To zzh(i)
            If d(j) = d(f) Then
                cfdh(bf) = "宗地" & st4(i) & "存在重复点号: " & d(j) & ", lin文件位
置坐标: " & b(j, 2) & s1 & b(j, 1)
                bf = bf + 1
            End If
        Next f
    Next
Next
bf = bf - 1
If bf <= 0 Then
    s82 = "---未发现同一宗地内存在重复点---"
End If
If bf > 0 Then
    s82 = "警告: 发现同一宗地内存在重复点! 详细信息已发送至'lin文件重
复点.txt', 请改正原宗地图重新提取文件! "
    Open "lin文件重复点.txt" For Output As #8
    For i = 1 To bf
        Print #8, cfdh(i)
    Next
End If
```

最初生成的lin文件的宗地号并不完全是按照流水号顺序增大来排列的,这样不便于浏览和检查,需要重新排序,主要代码示例如下:

```
'-*-*-*-*- ↓根据lin文件宗地号按从小到大排序↓ -*-*-*-*-
For i = 1 To k
    p1 = InStr(st4(i), s8)
    p2 = Len(st4(i)) - p1
    sr3(i) = Right$(st4(i), p2)
    p3 = p2 - InStr(sr3(i), s8)
    p4(i) = Val(Right$(st4(i), p3))    '宗地序号
```

106

```
      p5 = p1 + p2 – p3
      st7(i) = Left$(st4(i), p5)          '宗地前三级编码如：JD3–9–
   Next
   For i = 1 To k – 1
      For j = i + 1 To k
         If p4(i) > p4(j) Then
            t1 = p4(i)
            t2 = st7(i)
            t3 = n7(i)
            t4 = c(i)
            t5 = st5(i)
            t6 = st6(i)
            p4(i) = p4(j)
            st7(i) = st7(j)
            n7(i) = n7(j)
            c(i) = c(j)
            st5(i) = st5(j)
            st6(i) = st6(j)
            p4(j) = t1
            st7(j) = t2
            n7(j) = t3
            c(j) = t4
            st5(j) = t5
            st6(j) = t6
         End If
      Next
   Next
'–*–*–*–*– ↑根据lin文件宗地号按从小到大排序↑ –*–*–*–*–
   g = 1
   For i = 1 To k     'cwh记录地类号出错的宗地编号
      If Val(st6(i)) < 100 Then
         cwh(g) = st7(i) & p4(i)
         g = g + 1
```

```vb
    End If
Next
g = g - 1
If g > 0 And g <= 30 Then
   F99.Show
   F99.AutoRedraw = True
   F99.Print "-*-*-*-*-*-警告-*-*-*-*-*-"
   F99.Print "    以下宗地地类号错误:"
   For i = 1 To g
      F99.Print Tab(4); cwh(i)
   Next
   F99.Print "请参照原宗地图修改lin文件中错误地类号和权利人名称!"
End If
If g > 30 Then              '地类号出错的宗地超过30宗则输出至文件
   Open "地类号错误.txt" For Output As #9
   Print #9, "请修改lin文件中以下宗地的地类号和权利人名称:"
   For i = 1 To g
      Print #9, cwh(i)
   Next
   MsgBox "地类错误宗地超过30宗! 信息已发送至文件'地类号错误.txt'中,
请检查! "
End If
zds = 0
For i = 1 To k
   zds = zds + n7(i)
   s4(i) = st7(i) & p4(i) & s1 & st6(i) & s1 & n7(i) & c(i) & st5(i)
   Print #4, s4(i)
Next
If zds = m Then
   s84 = "---lin文件长度与界址点坐标总数相匹配---"
End If
If zds <> m Then
   s84 = "警告: lin文件匹配错误! 若处理宗地个数等于街坊宗地个数, 则
```

至少有一宗地点数与坐标对个数不符合！"
End If
'–*–*–*–*– ↓街坊界址孤点检查↓ –*–*–*–*–

np = 0
For i = 1 To 100000
　　If EOF(5) = True Then
　　　Exit For
　　End If
　　Line Input #5, sr4(i)
　　np = np + 1　　　　　　　'np为街坊边界点坐标个数
Next

For i = 1 To np
'–––从街坊边界lab文件提取坐标–––
　　n14 = Len(sr4(i))
　　n15 = InStr(sr4(i), s1) + 1　　　'边界点Y坐标起始位置
　　str3 = Right$(sr4(i), n14 – n15 + 1)　　'坐标字符串
　　n16 = InStr(str3, s1) + n15　　'边界点X坐标起始位置
　　n17 = n14 – n16 + 1　　　　　'边界点X坐标字符长度
　　n18 = n14 – n17 – n15　　　　　　　'边界点Y坐标字符长度
　　st8 = Mid$(sr4(i), n15, n18)
　　st9 = Right$(sr4(i), n17)
　　wbj(i, 1) = Val(st8)　　　　'边界点Y坐标值
　　wbj(i, 2) = Val(st9)　　　　'边界点X坐标值
Next

For i = 1 To m
'–––记录lin文件中各坐标对出现的次数–––
　　csz(i) = 1
　　For j = 1 To m
　　　If i <> j Then
　　　　If b(i, 1) = b(j, 1) And b(i, 2) = b(j, 2) Then
　　　　　csz(i) = csz(i) + 1
　　　　End If
　　　End If

```
    Next
  Next
  For i = 1 To m
  '---判断lin文件中坐标对是否外围界址点---
    bjz(i) = 0
    For j = 1 To np
      If wbj(j, 2) = b(i, 1) And wbj(j, 1) = b(i, 2) Then
        bjz(i) = bjz(i) + 1
      End If
    Next
  Next
  n19 = 0
  For i = 1 To m
  '---判断街坊内界址孤点个数---
    pdz(i) = bjz(i) + csz(i)
    If pdz(i) < 2 Then
      n19 = n19 + 1
      jzgd(n19) = b(i, 2) & s1 & b(i, 1)
    End If
  Next
  If n19 = 0 Then
    s85 = "---未发现街坊内存在界址孤点---"
  End If
  If n19 > 0 Then
    s85 = "警告：共发现街坊内界址孤点" & n19 & "个，位置坐标已发送至'
  街坊界址孤点坐标.txt'，请参照修改！"
    Open "街坊界址孤点坐标.txt" For Output As #10
    Print #10, "请修改街坊内以下位置坐标的界址孤点:"
    For i = 1 To n19
      Print #10, jzgd(i)
    Next
  End If
  '-*-*-*-*- ↑街坊界址孤点检查 ↑-*-*-*-*-
```

```
s71 = Chr$(13) + Chr$(10)
s86 = "---共处理宗地" & k & "宗, 最大宗地号" & p4(k) & ", 街坊界址点总数
" & n & s71 & "---界址边总数" & m & "条, 请检查XY文件和lin文件！"
s87 = "本街坊处理信息：" & s71 & s81 & s71 & s82 & s71 & s83 & s71 & s84
& s71 & s85 & s71 & s86
MsgBox s87
End Sub
```

上述示例中，检查了lin文件宗地信息行是否错误、地类号是否错误或者
丢失。当错误地类号超过30宗时，输出提示信息到同一路径下的"地类号错
误.txt"文件中。程序检查了lin文件长度与界址点坐标总数是否匹配，还对街
坊界址孤点进行了检查，即相邻宗地线共线时，在重合点之间出现点位分离
造成缝隙和界址点不重合的情况。若出现下标越界导致程序异常终止，可能
是因为lab文件中街坊内界址点没有统编号或者出现错误。

4.3 查lab文件重复点

地籍入库前从图形文件提取的权属界址拐点坐标lab文件，因编绘制图过
程中的操作不规范易导致形成重复点，这在目视检查中是无法发现的，只有
通过程序来识别。利用程序读取lab文件中的每个点并记录到数组中，当界址
拐点X、Y的差值同时小于设定值时即被认定为重复点。lab文件示例见4.2节所
述，设计查lab文件重复点程序，界面如图4-3-1所示。

图4-3-1 查lab文件重复点程序界面

查lab文件重复点的主要代码示例如下：

```
Option Base 1
Dim a#( )
Private Sub Command2_Click( )
```

```vb
n = 0
s1 = "重复点:"
s2 = ", "
For i = 1 To 100000
    If EOF(1) = True Then
        Exit For
    End If
    Line Input #1, str(i)
    n = n + 1
Next
ReDim a(n, 3)
For i = 1 To n
    n1 = Len(str(i))
    str1 = Left$(str(i), 10)
    str2 = Right$(str(i), 12)
    n2 = InStr(str1, s2) + 1        'Y坐标起始位置
    n3 = 12 – InStr(str2, s2)       'X坐标字符长度
    n4 = n1 – n3 – n2               'Y坐标字符长度
    n5 = n2 – 2                     '点号字符长度
    st1 = Left$(str(i), n5)
    st2 = Mid$(str(i), n2, n4)
    st3 = Right$(str(i), n3)
    p = Val(st1)
    Y = Val(st2)
    X = Val(st3)
    a(i, 1) = p
    a(i, 2) = Y
    a(i, 3) = X
Next
k = 1
c = Val(Text1.Text)
d = Val(Text2.Text)
For i = 1 To n – 1
```

```
For j = i + 1 To n
    ey = Abs(a(i, 2) – a(j, 2))
    eX = Abs(a(i, 3) – a(j, 3))
    If ey <= d And eX <= c Then
        s3 = k & s2 & s1 & a(i, 1) & s2 & a(j, 1)
        Print #2, s3
        k = k + 1
    End If
Next
Next
MsgBox "查找完毕！重复点信息已发送至"重复点坐标文件.txt"中，请
检查！"
End Sub
```

　　当重复点较少时，可以采用对话框提示的方法，这样就避免了寻找提示
信息文件、重新打开文件和关闭文件，提高了工作效率。

4.4　查DAT文件重复点

　　数字化测图中，DAT文件的使用频率非常高，因此，对于DAT文件中坐
标点点位规范性的检查是必不可少的。本节将介绍如何通过VB 6.0程序设计检查
DAT文件中的重复点。通常情况下，可以设定识别方式和距离范围，按设定
半径清理重复点，同时将不在高程区间的坐标点高程赋值为0，并可以按设定
高程区间提取符合要求的点。根据需要设计查DAT文件重复点程序，界面如
图4-4-1所示。

图4-4-1　查DAT文件重复点程序界面

查DAT文件重复点的主要代码示例如下：

```
Option Base 1
Dim st1$( ), st2$( ), st3$( ), sr1$( ), sr2$( ), dh$( ), bm$( ), Y#( ), X#( ), Temp&
Private Sub Command1_Click( )
n = 0
s1 = "重复值： "
s2 = "，"
s3 = "    所在行： "
s4 = "    "
s5 = "    点间距： "
s6 = "    X坐标差： "
s7 = "    Y坐标差： "
a = Val(Text1.Text)
b = Val(Text2.Text)
c = Val(Text3.Text)
For i = 1 To 1000000
    If EOF(1) = True Then
        Exit For
    End If
    Line Input #1, str(i)
    n = n + 1
Next
ReDim dh(n), bm(n), Y(n), X(n), st1(n), st2(n), st3(n), sr1(n), sr2(n)
For i = 1 To n
    n1 = InStr(str(i), s2)
    dh(i) = Left$(str(i), n1 – 1)          '控制点点号
    n2 = Len(str(i)) – n1
    st1(i) = Right$(str(i), n2)
    n3 = InStr(st1(i), s2) – 1
    n4 = Len(st1(i)) – n3 – 1
    bm(i) = Left$(st1(i), n3)              '控制点编码
    st2(i) = Right$(st1(i), n4)            'YXH字符串
```

```
    n5 = InStr(st2(i), s2) − 1
    n6 = Len(st2(i)) − n5 − 1
    st3(i) = Right$(st2(i), n6)        'XH字符串
    n7 = InStr(st3(i), s2) − 1
    sr1(i) = Left$(st2(i), n5)
    sr2(i) = Left$(st3(i), n7)
    Y(i) = Val(sr1(i))        'Y坐标值
    X(i) = Val(sr2(i))        'X坐标值
Next
k = 1
If Temp = 1 Then
    For i = 1 To n − 1
        For j = i + 1 To n
            eX = Abs(X(i) − X(j))
            ey = Abs(Y(i) − Y(j))
            es = Sqr(eX * eX + ey * ey)
            If es <= c Then
                s8 = k & s2 & s1 & str(i) & s4 & str(j) & s3 & i & s2 & j & s5 &
Format$(es, "0.000")
                Print #2, s8
                k = k + 1
            End If
        Next
    Next
End If
If Temp = 2 Then
    For i = 1 To n − 1
        For j = i + 1 To n
            eX = Abs(X(i) − X(j))
            ey = Abs(Y(i) − Y(j))
            If eX <= a And ey <= b Then
                s8 = k & s2 & s1 & str(i) & s4 & str(j) & s3 & i & s2 & j & s6 &
Format$(eX, "0.000") & s7 & Format$(ey, "0.000")
```

```
        Print #2, s8
        k = k + 1
      End If
    Next
  Next
End If
MsgBox "查找完毕！共发现重复点 " & k & " 个，重复点信息已发送至"重复
点查找结果.txt"中，请检查！"
End Sub
Private Sub Command2_Click( )
n = 0
n1 = 0
s1 = ", "
a = Val(Text4.Text)
XX = Val(Text5.Text)
sx = Val(Text6.Text)
For i = 1 To 999999
  If EOF(1) = True Then
    Exit For
  End If
  Input #1, t1(i), t2(i), t3(i), t4(i), t5(i)
  bsm(i) = 0
  n = n + 1
Next
  For i = 1 To n − 1
    For j = i + 1 To n
      eX = Abs(t4(i) − t4(j))
      ey = Abs(t3(i) − t3(j))
      es = Sqr(eX * eX + ey * ey)
      If es <= a Then
        bsm(j) = bsm(j) + 1
      End If
    Next
```

```
   Next
k = 0
For i = 1 To n
   If bsm(i) = 0 Then
      k = k + 1
      If t5(i) < XX Or t5(i) > sx Then
         t5(i) = 0#
         n1 = n1 + 1
      End If
      s2(k) = k & s1 & t2(i) & s1 & Format(t3(i), "0.000") & s1 & Format(t4(i),
"0.000") & s1 & Format(t5(i), "0.000")
   End If
Next
For i = 1 To k
   Print #2, s2(i)
Next
s3 = "清理完毕！实际包含有效点 " & k & " 个，共有 " & n1 & " 个坐标点高
程超出区间设置已被强制赋值为零，请检查！"
MsgBox s3
End Sub
Private Sub Command3_Click( )
n = 0
s1 = ", "
a = Val(Text7.Text)
b = Val(Text8.Text)
For i = 1 To 1000000
   If EOF(1) = True Then
      Exit For
   End If
   Input #1, t1(i), t2(i), t3(i), t4(i), t5(i)
   c(i) = Val(t5(i))
   n = n + 1
Next
```

```
k = 0
For i = 1 To n
  If c(i) >= a And c(i) <= b Then
    k = k + 1
    s2(k) = k & s1 & t2(i) & s1 & t3(i) & s1 & t4(i) & s1 & t5(i)
  End If
Next
For i = 1 To k
  Print #2, s2(i)
Next
s3 = "提取完毕！实际包含有效点 " & k & " 个，请检查！"
MsgBox s3
End Sub
```

程序在查找重复点时，设置了增量式和半径式两种计算方式，当使用其中一种计算方式时，应使另一种计算方式不可用。因此本例采用了单选控件，并为每个单选控件设置单击事件代码。切换增量式和半径式计算方式的主要代码示例如下：

```
Private Sub Option1_Click( )        '半径式，不显示等效半径
  Option2.Enabled = False
  Label2.Enabled = False
  Label3.Enabled = False
  Label5.Enabled = False
  Label6.Enabled = False
  Temp = 1
End Sub
Private Sub Option2_Click( )        '增量式，显示等效半径
  Option1.Enabled = False
  Label4.Enabled = False
  Label5.Enabled = True
  Label6.Enabled = True
  Temp = 2
```

```
End Sub
Private Sub Text1_Change( )         '增量式X
    Dim a#, b#, r#
    a = Val(Text1.Text)
    b = Val(Text2.Text)
    r = Sqr(a * a + b * b)
    Label6.Caption = Format$(r, "0.0000")
End Sub
Private Sub Text1_Click( )
    Option2.Value = True
    Option2.Enabled = True
    Label2.Enabled = True
    Label3.Enabled = True
End Sub
Private Sub Text2_Change( )         '增量式Y
    Dim a#, b#, r#
    a = Val(Text1.Text)
    b = Val(Text2.Text)
    r = Sqr(a * a + b * b)
    Label6.Caption = Format$(r, "0.0000")
End Sub
Private Sub Text2_Click( )
    Option2.Value = True
    Option2.Enabled = True
    Label2.Enabled = True
    Label3.Enabled = True
End Sub
Private Sub Text3_Click( )                    '半径式
    Option1.Value = True
    Option1.Enabled = True
    Label4.Enabled = True
End Sub
```

为了方便使用，程序中同时添加了文本框的单击和值改变的事件代码。当单击相应文本框时，另一种计算方式不可用；当增量式计算方式对应的两个文本框中的值改变时，同步计算并刷新等效半径显示值。

4.5 lin文件处理

在地籍入库的过程中，需要对转换生成的线文件进行处理，具体包括以下几个方面：

（1）lin文件地类分析。分析线文件中包含的不同地类，并列举。这有助于总体掌握街坊内的宗地地类情况，便于概略分析区域地类，判断是否存在错误。

（2）lin文件地类转换。将线文件中的过渡期间三级土地分类的地类编号转换成第二次全国土地调查所采用的二级分类《土地利用现状分类》（GB/T 21010—2007）的地类编码。这有助于做好与第二次全国土地调查的地类衔接，顺利转换图形数据。

（3）lin文件排序。将线文件中的行按照宗地号从小到大的顺序排序，便于检查分析。

设计lin文件处理程序，界面如图4-5-1所示。

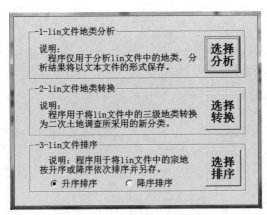

图4-5-1 lin文件处理程序界面

读取lin文件数据的主要代码示例如下：

```
Private Sub Command1_Click( )
fn1 = CommonDialog1.FileName
n2 = Len(fn1) – 4          '去掉文件名.lin后缀
fn2 = Left$(fn1, n2) & "地类分析"
s1 = ", "
n = 0
For i = 1 To 10000
    If EOF(1) = True Then
        Exit For
    End If
    Line Input #1, str(i)
    n = n + 1
Next
For i = 1 To n
    n1 = InStr(str(i), s1) + 1
    sr1(i) = Mid$(str(i), n1, 3)      '地类编号
    s2(i) = Val(sr1(i))
Next
For i = 1 To n – 1
    For j = i + 1 To n
        If s2(i) > s2(j) Then
            t1 = s2(i)
            s2(i) = s2(j)
            s2(j) = t1
        End If
    Next
Next
```

上述示例中使用了字符串长度函数Len( )和字符串取左函数Left$( )提取打开的文件名，并使用"打开文件名"+"地类分析"作为分析结果文件名保存到打开文件的同级目录下，不仅避免了用户重复输入保存文件名和选择保存

路径，还避免了保存文件名称不统一造成的查找不便，有效提高了效率。

将地类编号按从小到大排序的主要代码示例如下：

```
s3 = "------本街坊内包含地类及对应新地类如下（省略重复地类）------"
Print #2, s3
k = 2
s4(1) = s2(1)
For i = 2 To n – 1
    If s2(i + 1) > s2(i) Then
        s4(k) = s2(i + 1)
        k = k + 1
    End If
Next
k = k – 1
For i = 1 To k
    Print #2, s4(i)
Next
MsgBox "分析结束！地类编号已按从小到大排序！"
End Sub
Private Sub Command2_Click( )
fn1 = CommonDialog3.FileName
n4 = Len(fn1) – 4
fn2 = Left$(fn1, n4) & "(已转换)"
s1 = ", "
n = 0
For i = 1 To 10000
    If EOF(1) = True Then
        Exit For
    End If
    Line Input #1, str(i)
    n = n + 1
Next
For i = 1 To n
```

```
n1 = InStr(str(i), s1)
sr1(i) = Left$(str(i), n1)                    '行前半段
n2 = Len(str(i)) – n1
sr2(i) = Right$(str(i), n2)
n3 = InStr(sr2(i), s1) – 1
sr3(i) = Right$(sr2(i), n2 – n3)  '行后半段
dl(i) = Left$(sr2(i), n3)                     '地类编号
Next
```

　　在进行地类转换前，需要先对两种地类分类体系进行分析，做出对照表，然后再编写程序实现对应转换。本例中两种分类体系的地类对照表见表4-5-1。

表4-5-1　两种分类体系的地类对照表

过渡期间三级土地分类		第二次全国土地调查分类	
地类编号	地类名称	地类编码	地类名称
111	灌溉水田	011	水田
112	望天田		
113	水浇地	012	水浇地
115	菜地		
114	旱地	013	旱地
121	果园	021	果园
123	茶园	022	茶园
122	桑园	023	其他园地
124	橡胶园		
125	其他园地		
131	有林地	031	有林地
132	灌木林地	032	灌木林地

过渡期间三级土地分类		第二次全国土地调查分类	
地类编号	地类名称	地类编码	地类名称
133	疏林地	033	其他林地
134	未成林造林地		
135	迹地		
136	苗圃		
141	天然草地	041	天然牧草地
142	改良草地	042	人工牧草地
143	人工草地		
311	荒草地	043	其他草地
211	商业用地	051	批发零售用地
213	餐饮旅馆业用地	052	住宿餐饮用地
212	金融保险用地	053	商务金融用地
221	工业用地	061	工业用地
222	采矿地	062	采矿用地
223	仓储用地	063	仓储用地
251	城镇单一住宅用地	071	城镇住宅用地
252	城镇混合住宅用地		
253	农村宅基地	072	农村宅基地
242	教育用地	083	科教用地
243	科研设计用地		
245	医疗卫生用地	084	医卫慈善用地
246	慈善用地		
244	文体用地	085	文体娱乐用地
231	公共基础设施用地	086	公共设施用地
281	军事设施用地	091	军事设施用地

续表

过渡期间三级土地分类		第二次全国土地调查分类	
地类编号	地类名称	地类编码	地类名称
282	使领馆用地	092	使领馆用地
284	监教场所用地	093	监教场所用地
283	宗教用地	094	宗教用地
285	墓葬地	095	殡葬用地
261	铁路用地	101	铁路用地
262	公路用地	102	公路用地
266	街巷	103	街巷用地
153	农村道路	104	农村道路
263	民用机场	105	机场用地
264	港口码头用地	106	港口码头用地
265	管道运输用地	107	管道运输用地
321	河流水面	111	河流水面
322	湖泊水面	112	湖泊水面
271	水库水面	113	水库水面
154	坑塘水面	114	坑塘水面
155	养殖水面		
156	农田水利用地	117	沟渠
325	冰川及永久积雪	119	冰川及永久积雪
254	空闲宅基地	121	空闲地
151	畜禽饲养地	122	设施农业用地
152	设施农业用地		
158	晒谷场等用地		
157	田坎	123	田坎
312	盐碱地	124	盐碱地

过渡期间三级土地分类		第二次全国土地调查分类	
地类编号	地类名称	地类编码	地类名称
313	沼泽地	125	沼泽地
314	沙地	126	沙地
315	裸土地	127	裸地
316	裸岩石砾地		

由于两种编码体系不完全对应，个别不对应的地类编号不能用程序直接转换新地类编码，需手动处理。对已明确转换关系的地类编码的转换处理的主要代码示例如下：

```
For i = 1 To n
    xdl(i) = "新地类"
    If dl(i) = "100" Or dl(i) = "11" Then
        xdl(i) = "100"
    End If
    If dl(i) = "111" Or dl(i) = "112" Then
        xdl(i) = "011"
    End If
    If dl(i) = "113" Or dl(i) = "115" Then
        xdl(i) = "012"
    End If
    If dl(i) = "114" Then
        xdl(i) = "013"
    End If
    If dl(i) = "121" Then
        xdl(i) = "021"
    End If
    If dl(i) = "123" Then
        xdl(i) = "022"
    End If
```

```
If dl(i) = "122" Or dl(i) = "124" Or dl(i) = "125" Then
    xdl(i) = "023"
End If
If dl(i) = "131" Then
    xdl(i) = "031"
End If
If dl(i) = "132" Then
    xdl(i) = "032"
End If
If dl(i) = "133" Or dl(i) = "134" Or dl(i) = "135" Or dl(i) = "136" Then
    xdl(i) = "033"
End If
If dl(i) = "141" Then
    xdl(i) = "041"
End If
If dl(i) = "142" Or dl(i) = "143" Then
    xdl(i) = "042"
End If
    If dl(i) = "311" Then
    xdl(i) = "043"
End If
If dl(i) = "211" Then
    xdl(i) = "051"
End If
If dl(i) = "213" Then
    xdl(i) = "052"
End If
If dl(i) = "212" Then
    xdl(i) = "053"
End If
If dl(i) = "221" Then
    xdl(i) = "061"
End If
```

```
If dl(i) = "222" Then
   xdl(i) = "062"
End If
If dl(i) = "223" Then
   xdl(i) = "063"
End If
If dl(i) = "251" Or dl(i) = "252" Then
   xdl(i) = "071"
End If
If dl(i) = "253" Then
   xdl(i) = "072"
End If
If dl(i) = "242" Or dl(i) = "243" Then
   xdl(i) = "083"
End If
If dl(i) = "245" Or dl(i) = "246" Then
   xdl(i) = "084"
End If
If dl(i) = "244" Then
   xdl(i) = "085"
End If
If dl(i) = "231" Then
   xdl(i) = "086"
End If
If dl(i) = "281" Then
   xdl(i) = "091"
End If
If dl(i) = "282" Then
   xdl(i) = "092"
End If
If dl(i) = "284" Then
   xdl(i) = "093"
End If
```

```
If dl(i) = "283" Then
    xdl(i) = "094"
End If
If dl(i) = "285" Then
    xdl(i) = "095"
End If
If dl(i) = "261" Then
    xdl(i) = "101"
End If
If dl(i) = "262" Then
    xdl(i) = "102"
End If
If dl(i) = "266" Then
    xdl(i) = "103"
End If
If dl(i) = "153" Then
    xdl(i) = "104"
End If
If dl(i) = "263" Then
    xdl(i) = "105"
End If
If dl(i) = "264" Then
    xdl(i) = "106"
End If
If dl(i) = "265" Then
    xdl(i) = "107"
End If
If dl(i) = "321" Then
    xdl(i) = "111"
End If
If dl(i) = "322" Then
    xdl(i) = "112"
End If
```

```
If dl(i) = "271" Then
    xdl(i) = "113"
End If
If dl(i) = "154" Or dl(i) = "155" Then
    xdl(i) = "114"
End If
If dl(i) = "156" Then
    xdl(i) = "117"
End If
If dl(i) = "325" Then
    xdl(i) = "119"
End If
If dl(i) = "254" Then
    xdl(i) = "121"
End If
If dl(i) = "151" Or dl(i) = "152" Or dl(i) = "158" Then
    xdl(i) = "122"
End If
If dl(i) = "157" Then
    xdl(i) = "123"
End If
If dl(i) = "312" Then
    xdl(i) = "124"
End If
If dl(i) = "313" Then
    xdl(i) = "125"
End If
If dl(i) = "314" Then
    xdl(i) = "126"
End If
If dl(i) = "315" Or dl(i) = "316" Then
    xdl(i) = "127"
End If
```

```
    If xdl(i) = "新地类" Then
        xdl(i) = "需手动修改的地类" & dl(i)
    End If
    s2(i) = sr1(i) & xdl(i) & sr3(i)
Next
CommonDialog3.ShowSave
Open fn2 For Output As #2
For i = 1 To n
    Print #2, s2(i)
Next
s3 = "提示：地类编号已按第二次全国土地分类标准转换完成！" & Chr$(13)
& Chr$(10) & "务必注意：---请手动修改转换后的文件中有撤并和分割的
地类！---"
MsgBox s3
End Sub
Private Sub Command3_Click( )
f1 = CommonDialog4.FileName
n1 = Len(f1) - 4
f2 = Left$(f1, n1) & "(已排序)"
Open CommonDialog4.FileName For Input As #1
s1 = ", "
s2 = "-"
n = 0
For i = 1 To 10000
    If EOF(1) = True Then
        Exit For
    End If
    Line Input #1, str(i)
    n = n + 1
Next
For i = 1 To n
    n2 = InStr(str(i), s1) - 1
    n3 = Len(str(i)) - n2
```

```
    st1(i) = Left$(str(i), n2)                    '宗地四级完整编码号
    st2(i) = Right$(str(i), n3)                   '行宗地号之后的字符
    n4 = n2 – InStr(st1(i), s2)
    n5 = InStr(Right$(st1(i), n4), s2) + InStr(st1(i), s2)
    n6 = n2 – n5
    st3(i) = Left$(st1(i), n5)                    '宗地前三级编码如：JD3–5–
    n7(i) = Val(Right$(st1(i), n6))  '宗地序号
Next
If Option1.Value = True Then
'升序排序
  For i = 1 To n – 1
    For j = i + 1 To n
      If n7(i) > n7(j) Then
        t1 = st3(i)
        t2 = n7(i)
        t3 = st2(i)
        st3(i) = st3(j)
        n7(i) = n7(j)
        st2(i) = st2(j)
        st3(j) = t1
        n7(j) = t2
        st2(j) = t3
      End If
    Next
  Next
  s4 = "lin文件已按从小到大顺序排序！请检查！"
End If
If Option2.Value = True Then
'降序排序
  For i = 1 To n – 1
    For j = i + 1 To n
      If n7(i) < n7(j) Then
        t1 = st3(i)
```

```
        t2 = n7(i)
        t3 = st2(i)
        st3(i) = st3(j)
        n7(i) = n7(j)
        st2(i) = st2(j)
        st3(j) = t1
        n7(j) = t2
        st2(j) = t3
      End If
    Next
  Next
  s4 = "lin文件已按从大到小顺序排序！请检查！"
End If
CommonDialog4.ShowSave
Open f2 For Output As #2
For i = 1 To n
  s3 = st3(i) & n7(i) & st2(i)
  Print #2, s3
Next
MsgBox s4
End Sub
```

4.6 XY文件排序

　　街坊界址点坐标文件XY的格式在4.2节已有介绍，本节将主要介绍如何使用VB 6.0编程实现将XY文件中的行按照街坊界址点统编号顺序排序。设计XY文件排序程序，界面如图4-6-1所示。

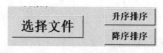

图4-6-1　XY文件排序程序界面

XY文件排序的主要代码示例如下：

```
Private Sub Command1_Click( )
CommonDialog1.Filter = "界址点成果文件（*.xy）|*.xy"
CommonDialog1.ShowOpen
End Sub
Private Sub Command2_Click( )
'升序排序
f1 = CommonDialog1.FileName
n1 = Len(f1) − 3
f2 = Left$(f1, n1)
s = ", "
n = 0
For i = 1 To 100000
    If EOF(1) = True Then
        Exit For
    End If
    Line Input #1, str(i)
    n = n + 1
Next
For i = 1 To n
    n2 = InStr(str(i), s) − 1
    n3 = Len(str(i)) − n2
    s1(i) = Left$(str(i), n2)
    s2(i) = Right$(str(i), n3)           '坐标值
    n4(i) = Val(s1(i))                   '界址点街坊内编号值
Next
For i = 1 To n − 1
    For j = i + 1 To n
        If n4(i) > n4(j) Then
            t1 = n4(i)
            t2 = s2(i)
            n4(i) = n4(j)
```

```
            s2(i) = s2(j)
            n4(j) = t1
            s2(j) = t2
        End If
    Next
Next
For i = 1 To n
    s3 = n4(i) & s2(i)
    Print #2, s3
Next
MsgBox "XY文件已按从小到大排序！请检查！"
End Sub
Private Sub Command3_Click( )
'降序排序
f1 = CommonDialog1.FileName
n1 = Len(f1) − 3
f2 = Left$(f1, n1)
s = ", "
n = 0
For i = 1 To 100000
    If EOF(1) = True Then
        Exit For
    End If
    Line Input #1, str(i)
    n = n + 1
Next
For i = 1 To n
    n2 = InStr(str(i), s) − 1
    n3 = Len(str(i)) − n2
    s1(i) = Left$(str(i), n2)
    s2(i) = Right$(str(i), n3)          '坐标值
    n4(i) = Val(s1(i))              '界址点街坊内编号值
Next
```

```
For i = 1 To n – 1
  For j = i + 1 To n
    If n4(i) < n4(j) Then
      t1 = n4(i)
      t2 = s2(i)
      n4(i) = n4(j)
      s2(i) = s2(j)
      n4(j) = t1
      s2(j) = t2
    End If
  Next
Next
For i = 1 To n
  s3 = n4(i) & s2(i)
  Print #2, s3
Next
MsgBox "XY文件已按从大到小排序！请检查！"
End Sub
```

　　本节示例的升序排序和降序排序均是采用的按钮触发形式，读者也可以根据自己的使用习惯，将按钮改为单选控件，使用单选控件的单击触发模式。

5　坐标计算

5.1　单点坐标正反算

　　单点坐标正反算是测量学中最基础的一类计算，使用VB 6.0程序时只需要设计相应的文本框和按钮，用代码读取文本框数值，再通过公式计算出结果，最后将结果显示在指定文本框即可。

　　单点正算是根据已知点的平面坐标值、观测距离和坐标方位角计算前方未知点坐标（适合知道明确方位角的情况）。单点反算是根据已知两点的平面坐标值计算两点间的距离和方位角。

　　使用单点正算时，只需填写已知点的平面坐标值X、Y及两个观测值S、α，点击"推算"即可；使用单点反算时，只需填写已知点坐标值X1、Y1、X2、Y2，点击"推算"即可。设计单点坐标正反算程序界面如图5-1-1所示。

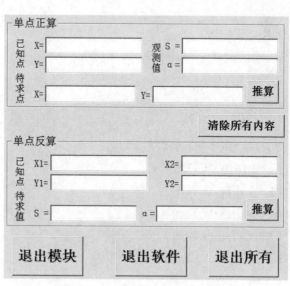

图5-1-1　单点坐标正反算程序界面

由已知点$A(x_A, y_A)$和观测值S、α计算未知点$P(x_P, y_P)$的计算公式如下：

$$\begin{cases} x_P = x_A + S \cdot \cos\alpha \\ y_P = y_A + S \cdot \sin\alpha \end{cases} \tag{5-1-1}$$

读取文本框数据进行单点坐标正反算的主要代码示例如下：

```
Private Sub Command1_Click( )
a1 = Val(Text1.Text)
a2 = Val(Text2.Text)
a3 = Val(Text3.Text)
a4 = Val(Text4.Text)
s = a3
a = hd(a4)
X = a1 + s * Cos(a)
Y = a2 + s * Sin(a)
If s = 0 Then
    Text5.Text = "两点重合！"
    Text6.Text = "两点重合！"
End If
If s <> 0 Then
    Text5.Text = Format$(X, "0.0000")
    Text6.Text = Format$(Y, "0.0000")
End If
End Sub
Private Sub Command2_Click( )
pi = 3.14159265358979
b1 = Val(Text7.Text)
b2 = Val(Text8.Text)
b3 = Val(Text9.Text)
b4 = Val(Text10.Text)
dx = b1 - b3
dy = b2 - b4
s2 = Sqr(dx * dx + dy * dy)
```

```
Text11.Text = Format$(s2, "0.000")
If dx = 0 Then
    If dy < 0 Then
        a2 = 90#
        Text12.Text = Format$(a2, "0.000000")
    End If
    If dy > 0 Then
        a2 = 270#
        Text12.Text = Format$(a2, "0.000000")
    End If
    If dy = 0 Then
        Text12.Text = "两已知点重合！"
    End If
End If
```

本例中的数学常数 π 的值设定为14位小数，已经能完全满足计算精度的需要，无须设置更高的精度。在程序设计时，我们常常会考虑一些极端的情况并做出提示，虽然这些情况发生的概率往往很低，如本例中两点重合的情况，已分别在正算和反算中做了考虑。

区分正反算时两点形成的线段所在测量象限的主要代码示例如下：

```
If dx < 0 Then
    If dy = 0 Then
        a2 = 0#
        Text12.Text = Format$(a2, "0.000000")
    End If
    If dy < 0 Then
    '测量第一象限
        a2 = hhjd(Atn(dy / dx))
        Text12.Text = Format$(a2, "0.000000")
    End If
    If dy > 0 Then
    '测量第四象限
```

```
        a2 = hhjd(2 * pi# + Atn(dy / dx))
        Text12.Text = Format$(a2, "0.000000")
    End If
End If
If dx > 0 Then
    If dy = 0 Then
        a2 = 180#
        Text12.Text = Format$(a2, "0.000000")
    End If
    If dy < 0 Then
    '测量第二象限
        a2 = hhjd(pi – Atn(Abs(dy / dx)))
        Text12.Text = Format$(a2, "0.000000")
    End If
    If dy > 0 Then
    '测量第三象限
        a2 = hhjd(pi + Atn(Abs(dy / dx)))
        Text12.Text = Format$(a2, "0.000000")
    End If
End If
End Sub
```

　　测量坐标系不同于传统的笛卡尔数学坐标系，线段*AB*和线段*BA*的方位角是不同的。因此，基于现实情况，在进行单点反算时，必须正确区分4个象限再分别进行计算，否则将得不到正确的结果。

5.2　大地正反算

　　在野外测量工作中，大地正反算是经常遇到的。例如，我们有一些点是用高斯坐标表示的，但在现场去找这些点的时候，仪器显示的却是经纬度坐标，这就需要先进行大地测量反算，得到其经纬度坐标，再根据大概位置找到对应的点。正算是根据经纬度坐标和坐标系统椭球参数计算高斯坐标X、Y，反算是根据高斯坐标和坐标系统椭球计算经纬度坐标B、L。在程序设计时，对于原始数据，要求高斯坐标正算源数据格式为"点号，B，L"，高斯坐标反算源数据格式为"点号，Y，X"。设计大地正反算程序界面如图5-2-1所示。

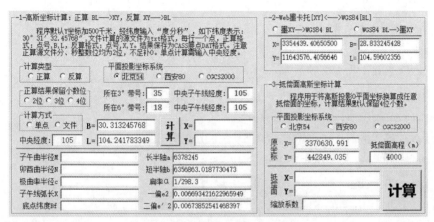

图5-2-1 大地正反算程序界面

高斯坐标单点正算的主要代码示例如下：

```
Private Sub Command1_Click( )
'-----高斯坐标单点正算-----
    zds = 0
    a = Val(Text10.Text)
    B = Val(Text11.Text)
    e2 = Val(Text13.Text)
    e12 = Val(Text14.Text)
    c = a / Sqr(1 - e2)
    l0 = hd(Val(Text23.Text))
    m0 = a * (1 - e2)
    m2 = 3 * e2 * m0 / 2
    m4 = 5 * e2 * m2 / 4
    m6 = 7 * e2 * m4 / 6
    m8 = 9 * e2 * m6 / 8
    m10 = 11 * e2 * m8 / 10
```

```
    n0 = a
    n2 = e2 * n0 / 2
    n4 = 3 * e2 * n2 / 4
    n6 = 5 * e2 * n4 / 6
    n8 = 7 * e2 * n6 / 8
    n10 = 9 * e2 * n8 / 10
If Option1.Value = True Then
'--正算
    Text9.Text = ""
    lbn = (a – B) / (a + B)
    lba = (a + B) * (1 + lbn ^ 2 / 4 + lbn ^ 4 / 64) / 2
    lbb = –3 * lbn / 2 + 9 * lbn ^ 3 / 16 – 3 * lbn ^ 5 / 32
    lbc = 15 * lbn ^ 2 / 16 – 15 * lbn ^ 4 / 32
    lbd = –35 * lbn ^ 3 / 48 + 105 * lbn ^ 5 / 256
    lbe = 315 * lbn ^ 4 / 512
    If Option16.Value = True Then
    '----单点正算
        hdb = hd(Val(Text1.Text))
        hdl = hd(Val(Text2.Text))
        m = m0 + m2 * Sin(hdb) ^ 2 + m4 * Sin(hdb) ^ 4 + m6 * Sin(hdb) ^ 6 + m8 *
Sin(hdb) ^ 8 + m10 * Sin(hdb) ^ 10
        n = n0 + n2 * Sin(hdb) ^ 2 + n4 * Sin(hdb) ^ 4 + n6 * Sin(hdb) ^ 6 + n8 *
Sin(hdb) ^ 8 + n10 * Sin(hdb) ^ 10
        t = Tan(hdb)
        yt = e12 * Cos(hdb) ^ 2
        jcl = hdl – l0
        lb = lba * (hdb + lbb * Sin(2 * hdb) + lbc * Sin(4 * hdb) + lbd * Sin(6 * hdb) +
lbe * Sin(8 * hdb))
        X = lb + t * n * Cos(hdb) ^ 2 * jcl ^ 2 / 2 + t * n * Cos(hdb) ^ 4 * (5 – t ^ 2 + 9 *
yt _
            + 4 * yt ^ 2) * jcl ^ 4 / 24 + t * n * Cos(hdb) ^ 6 * (61 – 58 * t ^ 2 + t ^ 4 _
            + 270 * yt – 330 * t ^ 2 * yt) * jcl ^ 6 / 720 + t * n * Cos(hdb) ^ 8 _
            * (1385 – 3111 * t ^ 2 + 543 * t ^ 4 – t ^ 6) * jcl ^ 8 / 40320
```

```
    Y = 500000 + n * Cos(hdb) * jcl + n * Cos(hdb) ^ 3 * (1 – t ^ 2 + yt) * jcl ^ 3 / 6 _
        + n * Cos(hdb) ^ 5 * (5 – 18 * t ^ 2 + t ^ 4 + 14 * yt – 58 * t ^ 2 * yt) * jcl ^
5 / 120 _
        + n * Cos(hdb) ^ 7 * (61 – 479 * t ^ 2 + 179 * t ^ 4 – t ^ 6) * jcl ^ 7 / 5040
    Text5.Text = Format(m, "0.0000000000")
    Text6.Text = Format(n, "0.0000000000")
    Text7.Text = Format(c, "0.0000000000")
    Text8.Text = Format(lb, "0.0000000000")
    If Option7.Value = True Then
        Text3.Text = Format(X, "0.00")
        Text4.Text = Format(Y, "0.00")
    End If
    If Option8.Value = True Then
        Text3.Text = Format(X, "0.000")
        Text4.Text = Format(Y, "0.000")
    End If
    If Option9.Value = True Then
        Text3.Text = Format(X, "0.0000")
        Text4.Text = Format(Y, "0.0000")
    End If
End If
```

本例中，我们直接使用了非迭代的方式进行高斯坐标正反算，在保证计算精度的同时最大限度缩短了计算时间。

本例中高斯坐标正算的计算公式如下：

$$
\begin{aligned}
x = l(B) &+ \frac{t}{2} N \cos^2 B l^2 + \frac{t}{24} N \cos^4 B(5 - t^2 + 9\eta^2 + 4\eta^4)l^4 + \\
&+ \frac{t}{720} N \cos^6 B(61 - 58t^2 + t^4 + 270\eta^2 - 330t^2\eta^2)l^6 + \qquad （5-2-1）\\
&+ \frac{t}{40320} N \cos^8 B(1385 - 3111t^2 + 543t^4 - t^6)l^8
\end{aligned}
$$

$$y = N \cos Bl + \frac{1}{6} N \cos^3 B (1 - t^2 + \eta^2) l^3 +$$

$$\frac{1}{120} N \cos^5 B (5 - 18t^2 + t^4 + 14\eta^2 - 58t^2\eta^2) l^5 + \qquad (5\text{-}2\text{-}2)$$

$$\frac{1}{5040} N \cos^7 B (61 - 479t^2 + 179t^4 - t^6) l^7$$

式中，$l(B)$为从赤道到投影点的子午线弧长，N为卯酉圈半径。其中：

$$t = \tan B \qquad (5\text{-}2\text{-}3)$$

$$\eta^2 = e'^2 \cos^2 B \qquad (5\text{-}2\text{-}4)$$

$$l = L - L_0 \qquad (5\text{-}2\text{-}5)$$

式中，l为经差，L为计算点经度，L_0为中央子午线经度。$l(B)$的计算公式如下：

$$l(B) = \alpha(B + \beta \sin 2B + \gamma \sin 4B + \delta \sin 6B + \varepsilon \sin 8B) \qquad (5\text{-}2\text{-}6)$$

其中

$$
\begin{cases}
\alpha = \dfrac{a+b}{2}(1 + \dfrac{1}{4}n^2 + \dfrac{1}{64}n^4) \\[2mm]
\beta = -\dfrac{3}{2}n + \dfrac{9}{16}n^3 - \dfrac{3}{32}n^5 \\[2mm]
\gamma = \dfrac{15}{16}n^2 - \dfrac{15}{32}n^4 \\[2mm]
\delta = -\dfrac{35}{48}n^3 + \dfrac{105}{256}n^5 \\[2mm]
\varepsilon = \dfrac{315}{512}n^4
\end{cases}
\qquad (5\text{-}2\text{-}7)
$$

$$n = \frac{a-b}{a+b} \qquad (5\text{-}2\text{-}8)$$

高斯坐标文件式正算的主要代码示例如下：

```
If Option17.Value = True Then
'-----文件式正算
    For i = 1 To 9999999
        If EOF(1) = True Then
```

```
        Exit For
      End If
      Input #1, s11, s12, s13
      zds = zds + 1
      hdb = hd(Val(s12))
      hdl = hd(Val(s13))
      m = m0 + m2 * Sin(hdb) ^ 2 + m4 * Sin(hdb) ^ 4 + m6 * Sin(hdb) ^ 6 + m8 *
Sin(hdb) ^ 8 + m10 * Sin(hdb) ^ 10
      n = n0 + n2 * Sin(hdb) ^ 2 + n4 * Sin(hdb) ^ 4 + n6 * Sin(hdb) ^ 6 + n8 *
Sin(hdb) ^ 8 + n10 * Sin(hdb) ^ 10
      t = Tan(hdb)
      yt = e12 * Cos(hdb) ^ 2
      jcl = hdl - l0
      lb = lba * (hdb + lbb * Sin(2 * hdb) + lbc * Sin(4 * hdb) + lbd * Sin(6 *
hdb) + lbe * Sin(8 * hdb))
      X = lb + t * n * Cos(hdb) ^ 2 * jcl ^ 2 / 2 + t * n * Cos(hdb) ^ 4 * (5 - t ^ 2 +
9 * yt _
          + 4 * yt ^ 2) * jcl ^ 4 / 24 + t * n * Cos(hdb) ^ 6 * (61 - 58 * t ^ 2 + t ^
4 _
          + 270 * yt - 330 * t ^ 2 * yt) * jcl ^ 6 / 720 + t * n * Cos(hdb) ^ 8 _
          * (1385 - 3111 * t ^ 2 + 543 * t ^ 4 - t ^ 6) * jcl ^ 8 / 40320
      Y = 500000 + n * Cos(hdb) * jcl + n * Cos(hdb) ^ 3 * (1 - t ^ 2 + yt) * jcl ^ 3
/ 6 _
          + n * Cos(hdb) ^ 5 * (5 - 18 * t ^ 2 + t ^ 4 + 14 * yt - 58 * t ^ 2 * yt) *
jcl ^ 5 / 120 _
          + n * Cos(hdb) ^ 7 * (61 - 479 * t ^ 2 + 179 * t ^ 4 - t ^ 6) * jcl ^ 7 /
5040
      If Option7.Value = True Then
        Print #2, s11, s11, Format(Y, "0.00"), Format(X, "0.00"), 0#
      End If
      If Option8.Value = True Then
        Print #2, s11, s11, Format(Y, "0.000"), Format(X, "0.000"), 0#
      End If
```

```
    If Option9.Value = True Then
        Print #2, s11, s11, Format(Y, "0.0000"), Format(X, "0.0000"), 0#
    End If
Next
s99 = "完毕！共完成高斯正算 " & zds & " 点，请检查生成的CASS展点
DAT文件！"
    MsgBox s99
End If
End If
```

高斯坐标单点反算的主要代码示例如下：

```
If Option2.Value = True Then
'--反算
    Text8.Text = ""
    bfn = (a – B) / (a + B)
    bfa = (a + B) * (1 + bfn ^ 2 / 4 + bfn ^ 4 / 64) / 2
    bfb = 3 * bfn / 2 – 27 * bfn ^ 3 / 32 + 269 * bfn ^ 5 / 512
    bfc = 21 * bfn ^ 2 / 16 – 55 * bfn ^ 4 / 32
    bfd = 151 * bfn ^ 3 / 96 – 417 * bfn ^ 5 / 128
    bfe = 1097 * bfn ^ 4 / 512
    If Option16.Value = True Then
'----单点反算
        XX = Val(Text1.Text)
        YY = Val(Text2.Text) – 500000
        bfx = XX / bfa
        bf = bfx + bfb * Sin(2 * bfx) + bfc * Sin(4 * bfx) + bfd * Sin(6 * bfx) + bfe *
Sin(8 * bfx)
        tf = Tan(bf)
        yf = e12 * Cos(bf) ^ 2
        mf = m0 + m2 * Sin(bf) ^ 2 + m4 * Sin(bf) ^ 4 + m6 * Sin(bf) ^ 6 + m8 * Sin(bf)
^ 8 + m10 * Sin(bf) ^ 10
        nf = n0 + n2 * Sin(bf) ^ 2 + n4 * Sin(bf) ^ 4 + n6 * Sin(bf) ^ 6 + n8 * Sin(bf) ^ 8
```

+ n10 * Sin(bf) ^ 10

　　bb = bf + tf * (–1 – yf) * YY ^ 2 / (2 * nf ^ 2) + tf * (5 + 3 * tf ^ 2 + 6 * yf – 6 * tf ^ 2 * yf _

　　　　– 3 * yf ^ 2 – 9 * tf ^ 2 * yf ^ 2) * YY ^ 4 / (24 * nf ^ 4) + tf * (–61 – 90 * tf ^ 2 _

　　　　– 45 * tf ^ 4 – 107 * yf + 162 * tf ^ 2 * yf + 45 * tf ^ 4 * yf) * YY ^ 6 / (720 * nf ^ 8) _

　　　　+ tf * (1385 + 3663 * tf ^ 2 + 4095 * tf ^ 4 + 1575 * tf ^ 6) * YY ^ 8 / (40320 * nf ^ 8)

　　LL = l0 + YY / (nf * Cos(bf)) + (–1 – 2 * tf ^ 2 – yf) * YY ^ 3 / (6 * nf ^ 3 * Cos(bf)) _

　　　　+ (5 + 28 * tf ^ 2 + 24 * tf ^ 4 + 6 * yf + 8 * tf ^ 2 * yf) * YY ^ 5 / (120 * nf ^ 5 * Cos(bf)) _

　　　　+ (–61 – 662 * tf ^ 2 – 1320 * tf ^ 4 – 720 * tf ^ 6) * YY ^ 7 / (5040 * nf ^ 7 * Cos(bf))

　　Text3.Text = Format(hhjd(bb), "0.000000000")

　　Text4.Text = Format(hhjd(LL), "0.000000000")

　　Text5.Text = Format(mf, "0.0000000000")

　　Text6.Text = Format(nf, "0.0000000000")

　　Text7.Text = Format(c, "0.0000000000")

　　Text9.Text = Format(hhjd(bf), "0.0000000000")

End If

　　高斯坐标反算（y坐标值为不含500千米加常数的自然坐标）的计算公式如下：

$$B = B_f + \frac{t_f}{2N_f^2}(-1-\eta_f^2)y^2 + \frac{t_f}{24N_f^4}(5+3t_f^2+6\eta_f^2-6t_f^2\eta_f^2-3\eta_f^4-9t_f^2\eta_f^4)y^4 +$$

$$\frac{t_f}{720N_f^6}(-61-90t_f^2-45t_f^4-107\eta_f^2+162t_f^2\eta_f^2+45t_f^4\eta_f^2)y^6 + \qquad （5-2-9）$$

$$\frac{t_f}{40320N_f^8}(1385+3663t_f^2+4095t_f^4+1575t_f^6)y^8$$

$$L = L_0 + \frac{1}{N_f \cos B_f} y + \frac{1}{6N_f^3 \cos B_f}(-1 - 2t_f^2 - \eta_f^2)y^3 +$$

$$\frac{1}{120N_f^5 \cos B_f}(5 + 28t_f^2 + 24t_f^4 + 6\eta_f^2 + 8t_f^2\eta_f^2)y^5 + \quad （5-2-10）$$

$$\frac{1}{5040N_f^7 \cos B_f}(-61 - 662t_f^2 - 1320t_f^4 - 720t_f^6)y^7$$

式中，下标为 f 的项由底点纬度 B_f 来计算。底点纬度 B_f 采用式（5-2-11）进行计算：

$$B_f = \bar{x} + \bar{\beta}\sin 2\bar{x} + \bar{\gamma}\sin 4\bar{x} + \bar{\delta}\sin 6\bar{x} + \bar{\varepsilon}\sin 8\bar{x} \quad （5-2-11）$$

$$\begin{cases} \bar{\alpha} = \frac{a+b}{2}(1 + \frac{1}{4}n^2 + \frac{1}{64}n^4) \\ \bar{\beta} = \frac{3}{2}n - \frac{27}{32}n^3 + \frac{269}{512}n^5 \\ \bar{\gamma} = \frac{21}{16}n^2 - \frac{55}{32}n^4 \\ \bar{\delta} = \frac{151}{96}n^3 - \frac{417}{128}n^5 \\ \bar{\varepsilon} = \frac{1097}{512}n^4 \end{cases} \quad （5-2-12）$$

其中

$$\bar{x} = \frac{x}{\bar{\alpha}} \quad （5-2-13）$$

高斯坐标文件式反算的主要代码示例如下：

```
If Option17.Value = True Then
'-----文件式反算
   For i = 1 To 9999999
      If EOF(1) = True Then
         Exit For
      End If
      Input #1, s11, s12, s13
      zds = zds + 1
```

```
      XX = Val(s12)

      YY = Val(s13) – 500000

      bfx = XX / bfa

      bf = bfx + bfb * Sin(2 * bfx) + bfc * Sin(4 * bfx) + bfd * Sin(6 * bfx) + bfe *
Sin(8 * bfx)

      tf = Tan(bf)

      yf = e12 * Cos(bf) ^ 2

      mf = m0 + m2 * Sin(bf) ^ 2 + m4 * Sin(bf) ^ 4 + m6 * Sin(bf) ^ 6 + m8 *
Sin(bf) ^ 8 + m10 * Sin(bf) ^ 10

      nf = n0 + n2 * Sin(bf) ^ 2 + n4 * Sin(bf) ^ 4 + n6 * Sin(bf) ^ 6 + n8 * Sin(bf) ^
8 + n10 * Sin(bf) ^ 10

      bb = bf + tf * (–1 – yf) * YY ^ 2 / (2 * nf ^ 2) + tf * (5 + 3 * tf ^ 2 + 6 * yf – 6
* tf ^ 2 * yf _

          – 3 * yf ^ 2 – 9 * tf ^ 2 * yf ^ 2) * YY ^ 4 / (24 * nf ^ 4) + tf * (–61 – 90
* tf ^ 2 _

          – 45 * tf ^ 4 – 107 * yf + 162 * tf ^ 2 * yf + 45 * tf ^ 4 * yf) * YY ^ 6 /
(720 * nf ^6) _

          + tf * (1385 + 3663 * tf ^ 2 + 4095 * tf ^ 4 + 1575 * tf ^ 6) * YY ^ 8 /
(40320 * nf ^ 8)

      LL = l0 + YY / (nf * Cos(bf)) + (–1 – 2 * tf ^ 2 – yf) * YY ^ 3 / (6 * nf ^ 3 *
Cos(bf)) _

          + (5 + 28 * tf ^ 2 + 24 * tf ^ 4 + 6 * yf + 8 * tf ^ 2 * yf) * YY ^ 5 / (120
* nf ^ 5 * Cos(bf)) _

          + (–61 – 662 * tf ^ 2 – 1320 * tf ^ 4 – 720 * tf ^ 6) * YY ^ 7 / (5040 *
nf ^ 7 * Cos(bf))

      Print #2, s11, s11, Format(hhjd(bb), "0.000000000"), Format(hhjd(LL),
"0.000000000"), 0#

    Next

    s99 = "完毕！共完成高斯反算 " & zds & " 点，请检查生成的经纬度DAT
文件！"

    MsgBox s99

  End If

End If
```

```
End Sub
```

常用坐标系（北京54、西安80、CGCS2000）的椭球参数可以直接写到程序中，以便使用时调用，具体代码如下：

```
Private Sub Option3_Click( )
'--北京54
    Text10.Text = "6378245"
    Text11.Text = "6356863.0187730473"
    Text12.Text = "1/298.3"
    Text13.Text = "0.006693421622965949"
    Text14.Text = "0.00673852541468397"
End Sub
Private Sub Option4_Click( )
'--西安80
    Text10.Text = "6378140"
    Text11.Text = "6356755.2881575287"
    Text12.Text = "1/298.257"
    Text13.Text = "0.006694384999587952"
    Text14.Text = "0.006739501819472927"
End Sub
Private Sub Option5_Click( )
'--CGCS2000
    Text10.Text = "6378137"
    Text11.Text = "6356752.3141403558"
    Text12.Text = "1/298.257222101"
    Text13.Text = "0.0066943800229008"
    Text14.Text = "0.0067394967754790"
End Sub
Private Sub Text2_Change( )
'-----计算3°带号及中央子午线经度-----
a1 = jdhsjzd(Val(Text2.Text))
b1 = a1 - 3 * (a1 \ 3)
```

```
If b1 > 1.5 Then
    c1 = a1 \ 3 + 1                    '3°带号
End If
If b1 < 1.5 Then
    c1 = a1 \ 3
End If
If b1 = 1.5 Then
    c1 = a1 \ 3
    s1 = "注意：计算点位于3°带 " & c1 & " 带与 " & c1 + 1 & " 带交界处！"
    MsgBox s1
End If
d1 = 3 * c1                    '3°带中央经度
Text19.Text = c1
Text20.Text = d1
'-----计算3°带号及中央子午线经度-----
'-*-*-*-*-计算6°带号及中央子午线经度-*-*-*-*-
a2 = a1 + 3
b2 = a2 - 6 * (a2 \ 6)
If b2 > 3 Then
    c2 = a2 \ 6 + 1                    '6°带号
End If
If b2 < 3 Then
    c2 = a2 \ 6
End If
If b2 = 3 Then
    c2 = a2 \ 6
    s2 = "注意：计算点位于6°带 " & c2 & " 带与 " & c2 + 1 & " 带交界处！"
    MsgBox s2
End If
d2 = 6 * c2 - 3                    '6°带中央经度
Text21.Text = c2
Text22.Text = d2
'-*-*-*-*-计算6°带号及中央子午线经度-*-*-*-*-
```

End Sub

  抵偿面高斯坐标一般用于高海拔测量。在高海拔区域测图时，有的测量人员仍然使用收集来的0平面标准坐标进行全站仪测图，结果发现控制点坐标反算得到的边长值和全站仪测出的边长值差很多，根本定不了向。当海拔越高、测距边越长时，这种现象越明显，原因就在于高斯投影是对应椭球面的，收集的已知点坐标都是基于海拔为0的情况，高海拔必须做抵偿计算，否则测量无法顺利进行。设计的抵偿面高斯坐标计算程序界面如图5-2-2所示。

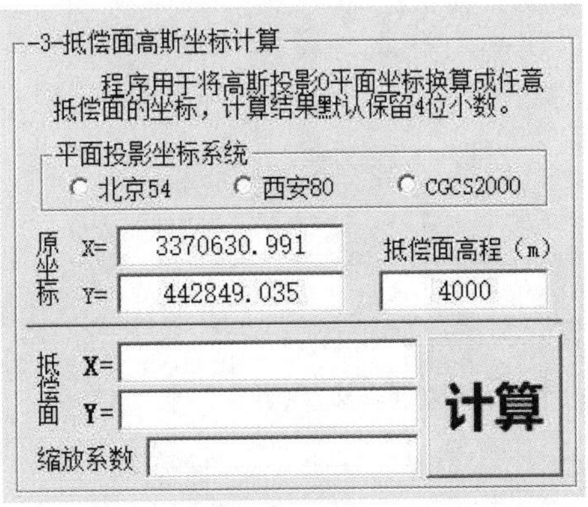

图5-2-2 抵偿面高斯坐标计算程序界面

  抵偿面高斯坐标计算的主要代码示例如下：

```
Private Sub Command2_Click( )
'-----抵偿面高斯坐标计算-----
dcmgc = Val(Text24.Text)
x1 = Val(Text25.Text)
y1 = Val(Text26.Text)
If Option12.Value = True Then
    sfxs = (dcmgc + 6378245) / 6378245#         '---北京54
End If
If Option13.Value = True Then
    sfxs = (dcmgc + 6378140) / 6378140#         '---西安80
End If
If Option14.Value = True Then
```

```
    sfxs = (dcmgc + 6378137) / 6378137#           '---CGCS2000
End If
x2 = sfxs * x1
y2 = 500000# + sfxs * (y1 – 500000#)
Text27.Text = Format(x2, "0.0000")
Text28.Text = Format(y2, "0.0000")
Text29.Text = Format(sfxs, "0.000000000000")
End Sub
```

通过上述代码，读者会发现抵偿面坐标的计算原理非常简单，就是顺着椭球轴远离轴心的方向等比例放大。如此大家就能理解为什么海拔越高、测距边越长，投影面高斯坐标越需要改正了。

5.3　前方交会

在测量实践中，有时会因为现场条件不足（如已知点仅有两个），为了增加已知点数量，或者通过这两个已知点测量计算另一个未知点的坐标，需要进行角度前方交会[①]，即在这两个已知点上分别设站观测到未知点的交会距离和角度，从而计算出未知点坐标。本节示例展示了如何利用VB 6.0编程实现角度前方交会的计算过程。

设计的前方交会程序界面如图5-3-1所示。点击计算前填好两个已知点的坐标值和两个交会角，程序将分别计算左右两种情况的坐标值；文件式计算要先选择保存格式，原始数据文件应按程序要求组织。需要注意的是，文件计算只支持有一对已知点求多个未知点的情况。

---

① 前方交会与5.5节中介绍的测边交会相似，为了区别，本书介绍时使用角度前方交会进行表述。

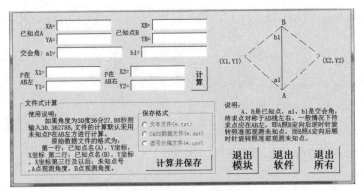

图5-3-1　前方交会程序界面

角度前方交会单点界面计算的主要代码示例如下：

```
Private Temp As Integer
Private Sub Command1_Click( )
xa = Val(Text1(0).Text)
ya = Val(Text1(1).Text)
xb = Val(Text1(2).Text)
yb = Val(Text1(3).Text)
a = Val(Text1(4).Text)
b = Val(Text1(5).Text)
If a = 180# Or b = 180# Then
     MsgBox "角度值输入错误！该角度值不能采用前方交会法进行计算！"
End If
If a > 180# Or b > 180# Then
     MsgBox "交会角度大于180°，程序不予计算，请检查输入角度值！"
End If
t11 = xa * cot(hd(b)) + xb * cot(hd(a))
t12 = yb − ya
t13 = cot(hd(a)) + cot(hd(b))
t21 = ya * cot(hd(b)) + yb * cot(hd(a))
t22 = xa − xb
x1 = (t11 + t12) / t13
y1 = (t21 + t22) / t13
x2 = (t11 − t12) / t13
```

```
y2 = (t21 − t22) / t13
Text1(6).Text = Format$(x1, "0.000")
Text1(7).Text = Format$(y1, "0.000")
Text1(8).Text = Format$(x2, "0.000")
Text1(9).Text = Format$(y2, "0.000")
End Sub
```

从角度前方交会的原理可知，交会角一定是小于180°的，如果出现等于180°的情况，则该点与两个已知点在一条直线上，若超过180°，则该点在已知边的另一侧，需要将角度进行归化再重新计算。

上述示例代码中，未知点P的坐标计算采用余切公式（变形戎格公式），计算公式如下：

$$\begin{cases} x_P = \dfrac{x_A \cot B + x_B \cot A + y_B - y_A}{\cot A + \cot B} \\ y_P = \dfrac{y_A \cot B + y_B \cot A + x_A - x_B}{\cot A + \cot B} \end{cases} \qquad (5\text{-}3\text{-}1)$$

角度前方交会文件式计算的主要代码示例如下：

```
Private Sub Command2_Click( )
If Option1.Value = True Then
    Temp = 1
    CommonDialog2.Filter = "文本文件(*.txt)|*.txt"
End If
If Option2.Value = True Then
    Temp = 2
    CommonDialog2.Filter = "CASS数据文件(*.dat)|*.dat"
End If
If Option3.Value = True Then
    Temp = 3
s1 = ", "
n = 0
For i = 1 To 999
```

```
    If EOF(1) = True Then
        Exit For
    End If
    Line Input #1, sr(i)
    n = n + 1
Next
For i = 1 To n
    n1 = InStr(sr(i), s1) – 1
    n2 = Len(sr(i)) – n1 – 1
    dm(i) = Left$(sr(i), n1)              '点名
    sr1(i) = Right$(sr(i), n2)
    n3 = InStr(sr1(i), s1) – 1
    aa(i) = Val(Left$(sr1(i), n3))       'Y坐标/A角
    n4 = Len(sr1(i)) – n3 – 1
    bb(i) = Val(Right$(sr1(i), n4))      'X坐标/B角
    If i < 3 Then
        If Temp = 1 Or Temp = 2 Then
            s2 = i & s1 & sr(i) & s1 & Format$(0, "0.000")
            Print #2, s2
        End If
        If Temp = 3 Then
            Write #2, i, dm(i), aa(i), bb(i), Format$(0, "0.000")
        End If
    End If
    If i >= 3 Then
        dx = bb(1) – bb(2)
        dy = aa(2) – aa(1)
        t1(i) = bb(1) * cot(hd(bb(i))) + bb(2) * cot(hd(aa(i)))
        t2(i) = aa(1) * cot(hd(bb(i))) + aa(2) * cot(hd(aa(i)))
        t3(i) = cot(hd(aa(i))) + cot(hd(bb(i)))
        X(i) = (t1(i) + dy) / t3(i)
        Y(i) = (t2(i) + dx) / t3(i)
        If Temp = 1 Or Temp = 2 Then
```

```
      s3 = i & s1 & dm(i) & s1 & Format$(Y(i), "0.000") & s1 & Format$(X(i),
"0.000") & s1 & Format$(0, "0.000")
         Print #2, s3
      End If
      If Temp = 3 Then
         Write #2, i, dm(i), Y(i), X(i), 0#
      End If
    End If
Next
MsgBox "计算完成！请检查数据！"
End Sub
Private Function cot(yq As Double)
'求余切值
cot = 1# / Tan(yq)
End Function
```

　　角度前方交会计算未知点的方法特别适合于未知点难以到达或所处位置比较危险，不便于人员现场打点的情况。但该方法的计算效率较低，因此若非特殊情况，一般不会使用。

5.4　后方交会

　　后方交会最典型的应用就是卫星定位，在已知点充足的情况下，要获取另外的未知点坐标，最可靠的方法是采用后方交会法。本节示例了利用VB 6.0编程实现在未知点设站观测3个已知点形成的两个角度反求该未知点的坐标，该方法除了需要足够的已知点（至少3个），还需要保证未知点利于观测，即和3个使用的已知点能够通视。设计的后方交会程序界面如图5-4-1所示。

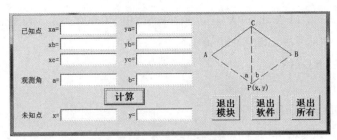

图5-4-1　后方交会程序界面

采用余切计算式计算后方交会未知点$P(x_P, y_P)$的计算公式如下：

$$\begin{cases} x_P = x_C + \dfrac{N}{1 + \cot^2 Q} \\[4mm] y_P = y_C + \cot Q \cdot \dfrac{N}{1 + \cot^2 Q} \end{cases} \qquad (5-4-1)$$

其中

$$\begin{cases} \cot Q = \dfrac{(y_C - y_B)\cot\beta - (y_A - y_C)\cot\alpha - (x_A - x_B)}{(x_C - x_B)\cot\beta - (x_A - x_C)\cot\alpha + (y_C - y_A)} \\[4mm] N = (y_C - y_B)(\cot\beta - \cot Q) - (x_C - x_B)(1 + \cot\beta \cot Q) \end{cases} \qquad (5-4-2)$$

对于N的计算还有另一个公式，可以与式（5-4-2）中N的计算结果进行相互检核，该计算公式如下：

$$N = (y_A - y_C)(\cot\alpha + \cot Q) + (x_A - x_C)(1 - \cot\alpha \cot Q) \qquad (5-4-3)$$

后方交会的主要代码示例如下：

```
Private Sub Command1_Click( )
xa = Val(Text1(0).Text)
ya = Val(Text1(1).Text)
xb = Val(Text1(2).Text)
yb = Val(Text1(3).Text)
xc = Val(Text1(4).Text)
yc = Val(Text1(5).Text)
a = Val(Text1(6).Text)
b = Val(Text1(7).Text)
yi = (yc – yb) / Tan(hd(b)) – (ya – yc) / Tan(hd(a)) – (xa – xb)
```

```
er = (xc − xb) / Tan(hd(b)) − (xa − xc) / Tan(hd(a)) + (yc − ya)
t = yi / er
n1 = (yc − yb) * (1 / Tan(hd(b)) − t) − (xc − xb) * (1 + t / Tan(hd(b)))
n2 = (ya − yc) * (1 / Tan(hd(a)) + t) + (xa − xc) * (1 − t / Tan(hd(a)))
If n1 = n2 Then
    X = xc + n1 / (1 + t ^ 2)
    Y = yc + (t * n1) / (1 + t ^ 2)
    Text1(8).Text = Format$(X, "0.000")
    Text1(9).Text = Format$(Y, "0.000")
End If
If n1 <> n2 Then
    Text1(8).Text = "检校错误！"
    Text1(9).Text = "检校错误！"
End If
End Sub
```

　　尽管后方交会能够获取未知点坐标，且精度有保证，但是该方法存在一个缺陷，即当未知点位于已知点*A*、*B*、*C*所形成的三角形的外接圆上时，未知点*P*的坐标将有无穷个（外接圆上的任意一点均可以是未知点*P*）。通过公式计算点*P*的坐标时，可能会因为除以零而得到无效解，这就是通常所说的危险圆。要确定未知点是否位于危险圆上，可以通过 $\left| Y_A \left(X_B - X_C \right) + Y_B \left(X_C - X_A \right) + Y_C \left(X_A - X_B \right) \right|$ 是否为零进行判断。

5.5　测边交会（距离交会）

　　本节示例的测边交会是根据两个已知点，测量两个交会边长直接计算未知点坐标，即距离交会。这种方法和角度前方交会所不同的是：角度前方交会使用的测量值是角度，而本方法采用的测量值是距离。设计的测边交会程序界面如图5-5-1所示。

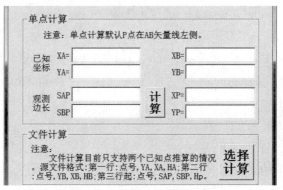

图5-5-1　测边交会程序界面

测边交会计算未知点$P(x_P, y_P)$的计算公式如下：

$$\begin{cases} x_P = x_A + L(x_B - x_A) + H(y_B - y_A) \\ y_P = y_A + L(y_B - y_A) + H(x_A - x_B) \end{cases} \quad (5\text{-}5\text{-}1)$$

其中

$$\begin{cases} G = \dfrac{S_a^2 + S_{AB}^2 - S_b^2}{2S_{AB}^2} \\[3mm] L = \dfrac{S_b^2 + S_{AB}^2 - S_a^2}{2S_{AB}^2} \\[3mm] H = \sqrt{\dfrac{S_a^2}{S_{AB}^2} - G^2} \end{cases} \quad (5\text{-}5\text{-}2)$$

测边交会读取界面输入数值进行单点计算的主要代码示例如下：

```
Option Base 1
Private Sub Command1_Click( )
xa = Val(Text1.Text)
ya = Val(Text2.Text)
xb = Val(Text3.Text)
yb = Val(Text4.Text)
sap = Val(Text5.Text)
sbp = Val(Text6.Text)
SAB = Sqr((xb − xa) * (xb − xa) + (yb − ya) * (yb − ya))
```

```
L = (sap * sap + SAB * SAB − sbp * sbp) / (2 * SAB * SAB)
g = (sbp * sbp + SAB * SAB − sap * sap) / (2 * SAB * SAB)
m = Sqr((sap * sap) / (SAB * SAB) − L * L)
XP = xa + L * (xb − xa) + m * (yb − ya)
YP = ya + L * (yb − ya) + m * (xa − xb)
Text7.Text = Format$(XP, "#.000")
Text8.Text = Format$(YP, "#.000")
End Sub
```

使用文件进行计算时，不仅要确保公式的正确性，还要对文件内的格式进行处理，得到计算需要的各个分量。

测边交会读取数据文件数值进行文件式计算的主要代码示例如下：

```
Private Sub Command3_Click( )
s1 = ", "
n = 0
For i = 1 To 1000000
   If EOF(1) = True Then
      Exit For
   End If
   Line Input #1, str(i)
   n = n + 1
Next
ReDim sr1(n), sr2(n), sr3(n), sr4(n), sr5(n), a(n), b(n)
ReDim st1(n), st2(n), st3(n), X(n), Y(n), h(n), p(n)
For i = 1 To n
   n1 = InStr(str(i), s1) − 1
   n2 = Len(str(i)) − n1 − 1
   p(i) = Left$(str(i), n1)           '点号
   sr1(i) = Right$(str(i), n2)
   n3 = InStr(sr1(i), s1) − 1
   n4 = Len(sr1(i)) − n3 − 1
   sr2(i) = Left$(sr1(i), n3)
```

```
sr3(i) = Right$(sr1(i), n4)
n5 = InStr(sr3(i), s1) – 1
n6 = Len(sr3(i)) – n5 – 1
sr4(i) = Left$(sr3(i), n5)
sr5(i) = Right$(sr3(i), n6)
st1(i) = Val(sr2(i))        '数据第二列
st2(i) = Val(sr4(i))        '数据第三列
st3(i) = Val(sr5(i))        '数据第四列
If i = 1 Then
    ya = st1(i)
    xa = st2(i)
End If
If i = 2 Then
    yb = st1(i)
    xb = st2(i)
End If
If i > 2 Then
    a(i) = st1(i)                    'SAP
    b(i) = st2(i)                    'SBP
    h(i) = st3(i)                    'HP
End If
Next
j = 1
SAB = Sqr((xb – xa) * (xb – xa) + (yb – ya) * (yb – ya))
For i = 3 To n
    L = (a(i) * a(i) + SAB * SAB – b(i) * b(i)) / (2 * SAB * SAB)
    g = (b(i) * b(i) + SAB * SAB – a(i) * a(i)) / (2 * SAB * SAB)
    m = Sqr((a(i) * a(i)) / (SAB * SAB) – L * L)
    X(i) = xa + L * (xb – xa) + m * (yb – ya)
    Y(i) = ya + L * (yb – ya) + m * (xa – xb)
    s2 = j & s1 & p(i) & s1 & Format$(Y(i), "#.000") & s1 & Format$(X(i), "#.000")
& s1 & h(i)
    Print #2, s2
```

```
    j = j + 1
Next
MsgBox "计算完毕！结果已保存至"测边交会点坐标.dat"中，请检查！"
End Sub
```

5.6 双点后方交会

　　双点后方交会与角度前方交会的相同之处是都只有2个已知点，不同的是双点后方交会需要计算2个未知点，设站观测的位置是在2个未知点上；而角度前方交会是计算1个未知点，设站观测的位置是在2个已知点上。双点后方交会通过测量4个交会角度，再利用2个已知点计算2个未知点坐标。设计的双点后方交会程序界面如图5-6-1所示。

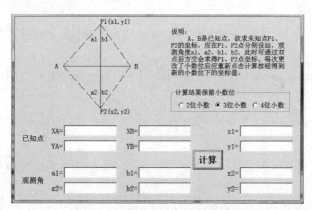

图5-6-1　双点后方交会程序界面

　　要求未知点P_1、P_2的坐标，必须先求出已知点到未知点的边长和坐标方位角，然后用坐标正算公式来计算未知点的坐标。

　　双点后方交会读取界面输入数值进行计算的主要代码示例如下：

```
Dim Temp As Long
Private Sub Command1_Click( )
xa = Val(Text1(1).Text)
ya = Val(Text1(2).Text)
```

```
xb = Val(Text1(3).Text)

yb = Val(Text1(4).Text)

a1 = Val(Text1(5).Text)

a2 = Val(Text1(6).Text)

b1 = Val(Text1(7).Text)

b2 = Val(Text1(8).Text)

q = (Sin(hd(a2)) * Sin(hd(b1) + hd(b2))) / (Sin(hd(b2)) * Sin(hd(a1) + hd(a2)))

ga1 = hd(90#) – (hd(a1) + hd(b1)) / 2# + Atn((1 – q) / ((1 + q) * Tan((hd(a1) +
hd(b1)) / 2#)))

de1 = hd(90#) – (hd(a1) + hd(b1)) / 2# – Atn((1 – q) / ((1 + q) * Tan((hd(a1) +
hd(b1)) / 2#)))

ga2 = hd(90#) – (hd(a1) – hd(b1)) / 2# – hd(a2) – Atn((1 – q) / ((1 + q) * Tan((hd(a1)
+ hd(b1)) / 2#)))

de2 = hd(90#) + (hd(a1) – hd(b1)) / 2# – hd(b2) + Atn((1 – q) / ((1 + q) * Tan((hd(a1)
+ hd(b1)) / 2#)))

x1 = (xa * Tan(ga1) + xb * Tan(de1) – (ya – yb) * Tan(ga1) * Tan(de1)) / (Tan(ga1) +
Tan(de1))

y1 = (ya * Tan(ga1) + yb * Tan(de1) + (xa – xb) * Tan(ga1) * Tan(de1)) / (Tan(ga1) +
Tan(de1))

x2 = (xa * Tan(ga2) + xb * Tan(de2) + (ya – yb) * Tan(ga2) * Tan(de2)) / (Tan(ga2) +
Tan(de2))

y2 = (ya * Tan(ga2) + yb * Tan(de2) + (xb – xa) * Tan(ga2) * Tan(de2)) / (Tan(ga2) +
Tan(de2))

If Option1.Value = True Then

    Text2(1).Text = Format$(x1, "0.00")

    Text2(2).Text = Format$(y1, "0.00")

    Text2(3).Text = Format$(x2, "0.00")

    Text2(4).Text = Format$(y2, "0.00")

End If

If Option2.Value = True Then

    Text2(1).Text = Format$(x1, "0.000")

    Text2(2).Text = Format$(y1, "0.000")

    Text2(3).Text = Format$(x2, "0.000")
```

```
    Text2(4).Text = Format$(y2, "0.000")
End If
If Option3.Value = True Then
    Text2(1).Text = Format$(x1, "0.0000")
    Text2(2).Text = Format$(y1, "0.0000")
    Text2(3).Text = Format$(x2, "0.0000")
    Text2(4).Text = Format$(y2, "0.0000")
End If
End Sub
```

　　本例中设置计算结果保留小数位采用了单选控件，分别设置为2～4位小数。此外，读者也可以尝试改为在文本框输入小数位长度数值进行设置，这样小数位的设置范围可以更大。

6 分幅与编号计算

6.1 图幅号计算

在地图学中，图幅的分幅是一项重要内容。1∶1000000国家基本比例尺地图以经差6°、纬差4°进行分幅，其他比例尺地图以此为基础进行再分幅。根据图幅分幅规则，可以利用图幅西南角经纬度坐标，在所选图幅比例尺下计算得到所在图幅该比例尺的图幅号。同时，也可以根据图幅号计算其比例尺分母和4个图幅角点经纬度坐标。

根据经纬度坐标计算图幅号时，设计使用按钮触发，输入经纬度坐标数据并点击"计算"得到具体图号；根据图幅号计算图幅角点经纬度坐标时，设计使用文本框内容变化触发，当图幅号文本框内的图号变化时，实时计算并显示比例尺分母和4个图幅角点经纬度坐标。设计的图幅号计算程序界面如图6-1-1所示。

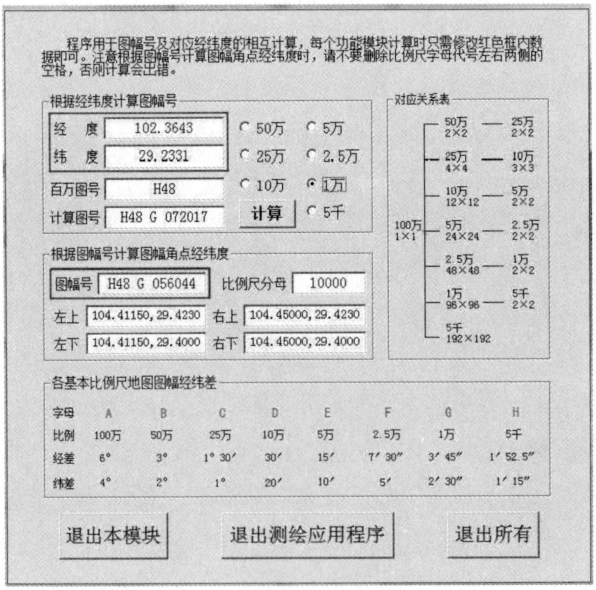

图6-1-1　图幅号计算程序界面

根据经纬度坐标计算图幅号的主要代码示例如下：

```
Option Base 1
Dim f2$, w1#, j1#
Private Sub Command1_Click( )
'百万图幅行号等于纬度整除4度纬差加1，列号等于经度整除6度经差加31
'百万图幅后面的行号等于（4度纬差除以该比例尺纬差）减去（纬度对4度
纬差取余后除以该比例尺纬差再取整）
'百万图幅后面的列号等于（经度对6度经差取余后除以该比例尺经差再取
整）加1
If Option1.Value = True Then
    f2 = "B": w1 = 2#: j1 = 3#
End If
If Option2.Value = True Then
    f2 = "C": w1 = 1#: j1 = 1.5
End If
If Option3.Value = True Then
    f2 = "D": w1 = 1 / 3: j1 = 0.5
End If
If Option4.Value = True Then
    f2 = "E": w1 = 1 / 6: j1 = 1 / 4
End If
If Option5.Value = True Then
    f2 = "F": w1 = 1 / 12: j1 = 1 / 8
End If
If Option6.Value = True Then
    f2 = "G": w1 = 1 / 24: j1 = 1 / 16
End If
If Option7.Value = True Then
    f2 = "H": w1 = 1 / 48: j1 = 1 / 32
End If
a1 = jdhsjzd(Val(Text1.Text))        '经度
a2 = jdhsjzd(Val(Text2.Text))        '纬度
```

```
b1 = a1 \ 6 + 31
b2 = a2 \ 4 + 1
lh = b1                '百万图幅列号
hh = Switch(b2 = 1, "A", b2 = 2, "B", b2 = 3, "C", b2 = 4, "D", _
      b2 = 5, "E", b2 = 6, "F", b2 = 7, "G", b2 = 8, "H", _
      b2 = 9, "I", b2 = 10, "J", b2 = 11, "K", b2 = 12, "L", _
      b2 = 13, "M", b2 = 14, "N", b2 = 15, "O")    '百万图幅行号字母编码
f1 = hh & lh
c1 = Int((a1 Mod 6) / j1) + 1          '列号
c2 = 4 / w1 – Int((a2 Mod 4) / w1)     '行号
'补齐三位
If c1 < 10 Then
    d1 = "00" & c1
End If
If c1 >= 10 And c1 < 100 Then
    d1 = "0" & c1
End If
If c1 >= 100 Then
    d1 = c1
End If
If c2 < 10 Then
    d2 = "00" & c2
End If
If c2 >= 10 And c2 < 100 Then
    d2 = "0" & c2
End If
If c2 >= 100 Then
    d2 = c2
End If
```

本例中使用了Switch( )函数，这是一种用于选择的分支语句，如示例中表示：如果b2=1，hh的值就是A；如果b2=2，hh的值就是B，以此类推。

需要注意的是，行列号分别由3位小数表示，但是计算出来的是整数，因

此必须要区分该整数的大小，把行列号的位数补够3位。

判断百万图幅字母代号的主要代码示例如下：

```
f3 = d2 & d1
jsth = f1 & " " & f2 & " " & f3
Text3.Text = f1
Text4.Text = jsth
End Sub
Private Sub Text5_Change( )
a1 = Text5.Text
a2 = Left$(a1, 1)                    '百万图幅行号
a3 = Val(Mid$(a1, 2, 2))             '百万图幅列号
a4 = Mid$(a1, 5, 1)                  '比例尺分母
a5 = Val(Mid$(a1, 7, 3))             '图幅行号
a6 = Val(Mid$(a1, 10, 3))            '图幅列号
Select Case a2
   Case "A"
     b1 = 1
   Case "B"
     b1 = 2
   Case "C"
     b1 = 3
   Case "D"
     b1 = 4
   Case "E"
     b1 = 5
   Case "F"
     b1 = 6
   Case "G"
     b1 = 7
   Case "H"
     b1 = 8
   Case "I"
```

```
      b1 = 9
  Case "J"
      b1 = 10
  Case "K"
      b1 = 11
  Case "L"
      b1 = 12
  Case "M"
      b1 = 13
  Case "N"
      b1 = 14
  Case "O"
      b1 = 15
End Select
```

由于我国地理坐标范围并没有涉及特别高的纬度，因此这里并没有将纬度60°以上的高纬度的百万图幅行号字母计算在内，有兴趣的读者可以自己计算添加。

根据图幅号计算图幅4个角点经纬度坐标的主要代码示例如下：

```
If a4 = "A" Or a4 = "a" Then
    b2 = "100万": w1 = 4#: j1 = 6#
End If
If a4 = "B" Or a4 = "b" Then
    b2 = "50万": w1 = 2#: j1 = 3#
End If
If a4 = "C" Or a4 = "c" Then
    b2 = "25万": w1 = 1#: j1 = 1.5
End If
If a4 = "D" Or a4 = "d" Then
    b2 = "10万": w1 = 1 / 3: j1 = 0.5
End If
If a4 = "E" Or a4 = "e" Then
```

```
    b2 = "5万":   w1 = 1 / 6: j1 = 1 / 4
End If
If a4 = "F" Or a4 = "f" Then
    b2 = "2.5万": w1 = 1 / 12: j1 = 1 / 8
End If
If a4 = "G" Or a4 = "g" Then
    b2 = "1万": w1 = 1 / 24: j1 = 1 / 16
End If
If a4 = "H" Or a4 = "h" Then
    b2 = "5千": w1 = 1 / 48: j1 = 1 / 32
End If
b3 = (a3 − 31) * 6# + (a6 − 1) * j1          '西南(左下)角经度（十进制）
b4 = (b1 − 1) * 4 + (4 / w1 − a5) * w1        '西南(左下)角纬度（十进制）
b5 = b3 + j1              '东北(右上)角经度（十进制）
b6 = b4 + w1              '东北(右上)角纬度（十进制）
c1 = sjzdhdfm(b3)
c2 = sjzdhdfm(b4)
c3 = sjzdhdfm(b5)
c4 = sjzdhdfm(b6)
Text6.Text = b2
'↓西北(左上)角经纬度↓
Text7.Text = Format$(c1, "0.00000") & ", " & Format$(c4, "0.0000")
'↓东北(右上)角经纬度↓
Text8.Text = Format$(c3, "0.00000") & ", " & Format$(c4, "0.0000")
'↓西南(左下)角经纬度↓
Text9.Text = Format$(c1, "0.00000") & ", " & Format$(c2, "0.0000")
'↓东南(右下)角经纬度↓
Text10.Text = Format$(c3, "0.00000") & ", " & Format$(c2, "0.0000")
End Sub
```

　　以上是图幅号计算的VB 6.0程序示例代码，方便技术人员快速确定点位所
在图幅和判断多个点位是否在同一个图幅内，在收集控制点位资料时也可以
辅助确定需要收集的范围。

6.2　带号计算

带号计算在工程测量中经常使用，较为常用的是3°带和6°带。根据高斯投影原理，标准中央子午线经度L_0与所在带号n的关系如式（6-2-1）和式（6-2-2）所示。

3°带：

$$L_0 = 3n \qquad （6-2-1）$$

6°带：

$$L_0 = 6n - 3 \qquad （6-2-2）$$

根据高斯投影原理，每个3°带的经度区间范围为$\left[3n-1.5, 3n+1.5 \right]$，每个6°带的经度区间范围为$\left[6n-6, 6n \right]$，3°带和6°带的高斯投影分带如图6-2-1所示。图中，L_6为6°带中央子午线经度；n_6为6°带带号；L_3为3°带中央子午线经度；n_3为3°带带号。

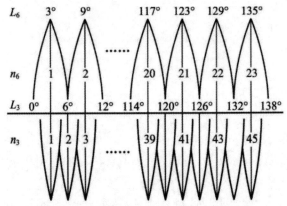

图6-2-1　高斯投影分带3°带、6°带对照图

在设计程序时，需要根据输入的经度值，计算其所属坐标带号和标准中央子午线经度，并判断其与中央子午线的位置关系。设计的带号计算程序界面如图6-2-2所示。

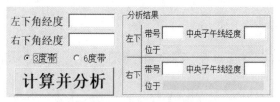

图6-2-2 带号计算程序界面

根据文本框输入值计算带号的主要代码示例如下：

```
Private Sub Command1_Click( )
a1 = jdhsjzd(Val(Text1.Text))
a2 = jdhsjzd(Val(Text2.Text))
If Option1.Value = True Then
    f1 = a1
    f2 = a2
    a3 = 3
    a4 = 1.5
    a5 = 0
End If
If Option2.Value = True Then
    f1 = a1 + 3
    f2 = a2 + 3
    a3 = 6
    a4 = 3
    a5 = 3
End If
b1 = f1 – a3 * (f1 \ a3)
b2 = f2 – a3 * (f2 \ a3)
If b1 > a4 Then
    c1 = f1 \ a3 + 1        '左下带号
End If
If b1 < a4 Then
    c1 = f1 \ a3
End If
```

```vb
If b1 = a4 Then
   c1 = f1 \ a3
   Label11.Caption = f1 \ a3 & "带与" & f1 \ a3 + 1 & "带交界线上！"
End If
If b2 > a4 Then
   c2 = f2 \ a3 + 1          '右下带号
End If
If b2 < a4 Then
   c2 = f2 \ a3
End If
If b2 = a4 Then
   c2 = f2 \ a3
   Label12.Caption = f2 \ a3 & "带与" & f2 \ a3 + 1 & "带交界线上！"
End If
d1 = a3 * c1 - a5          '左下中央经度
d2 = a3 * c2 - a5          '右下中央经度
Text3.Text = c1
Text4.Text = d1
Text5.Text = c2
Text6.Text = d2
If b1 <> a4 Then
   If d1 > a1 Then
      Label11.Caption = "中央子午线以西"
   End If
   If d1 < a1 Then
      Label11.Caption = "中央子午线以东"
   End If
   If d1 = a1 Then
      Label11.Caption = "中央子午线上面"
   End If
End If
If b2 <> a4 Then
   If d2 > a2 Then
```

```
        Label12.Caption = "中央子午线以西"
    End If
    If d2 < a2 Then
        Label12.Caption = "中央子午线以东"
    End If
    If d2 = a2 Then
        Label12.Caption = "中央子午线上面"
    End If
End If
End Sub
```

7 文档处理

7.1 Office文件批量处理

　　测绘类项目往往涉及文档的处理和归档，尤其是确权类项目，涉及多种档案资料，有些文件需要以图片的形式进行存档。而Office软件本身不具备将文档转换为图片的功能，若要使用扫描仪扫描成图片，将耗费大量的人力物力。虚拟打印机软件是一个很好的工具，可以将文档输出为图片，但不具备批量转换功能，只能打开一个转换一个，这为VB 6.0程序开发提供了思路：可否将二者结合起来，利用VB 6.0调用虚拟打印机软件，实现文档批量输出为图片？答案是肯定的。本节示例将介绍如何使用VB 6.0编程实现将Word、Excel文件转换为图片（jpg格式）。设计批量Office文件转jpg格式程序界面如图7-1-1所示。

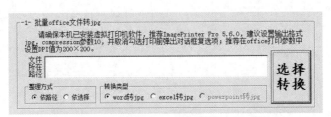

图7-1-1　批量Office文件转jpg格式程序界面

　　定义函数，定制选择目录的主要代码示例如下：

```
Private Declare Function SHBrowseForFolder Lib "shell32.dll" Alias
```

```
"SHBrowseForFolderA" (LpBrowseInfo As BROWSEINFO) As Long
Private Declare Function SHGetPathFromIDlist Lib "shell32.dll" Alias
"SHGetPathFromIDListA" (ByVal pidl As Long, ByVal pszPath As String) As Long
Private Type BROWSEINFO
hOwner As Long
pidlroot As Long
pszDisplayName As String
lpszTitle As String
ulFlags As Long
lpfn As Long
lParam As Long
iImage As Long
End Type
Private Function GetFolder(ByVal hwnd As Long, Optional Title As String) As
String
Dim bi As BROWSEINFO
Dim pidl As Long
Dim folder As String
folder = Space(255)
With bi
If IsNumeric(hwnd) Then .hOwner = hwnd
.pidlroot = 0
If Title <> "" Then
.lpszTitle = Title & Chr$(0)
Else
.lpszTitle = "选择目录" & Chr$(0)
End If
End With
pidl = SHBrowseForFolder(bi)
If SHGetPathFromIDlist(ByVal pidl, ByVal folder) Then
GetFolder = Left(folder, InStr(folder, Chr$(0)) − 1)
Else
GetFolder = ""
```

```
End If
End Function
```

本例中使用了GetFolder( )函数，该函数将创建一个类似于通用对话框的对话框，要求用户选择目录，在后续的程序中，将对选择目录下的文件夹和文件进行分析处理。

批量Word文件生成jpg文件的主要代码示例如下：

```
Private Sub Command1_Click( )
If Option10.Value = True Then
  s1 = Text1.Text
End If
If Option11.Value = True Then
  s1 = GetFolder(Me.hwnd, "请选择Office文件所在文件夹：")
End If
If Option4.Value = True Then
  f1 = Dir(s1 & "\*.doc")
  n2 = 0
  n3 = 0
  Do While f1 <> ""
    If Right(f1, 5) = ".docx" Then
      n1 = Len(f1) − 5
      n3 = n3 + 1
    End If
    If Right(f1, 4) = ".doc" Then
      n1 = Len(f1) − 4
      n2 = n2 + 1
    End If
    f2 = Left(f1, n1)
    s2 = s1 & "\" & f1
    s3 = "" & s1 & "\" & f2 & ".jpg" & ""
    Set wd = New Word.Application        '实例化
    Set doc = wd.Documents.Open(s2)      '当模板用add, 否则用open
```

```
    wd.Visible = False                    '隐藏 Office Word 界面
    wd.ActiveDocument.PrintOut Background:=False, Append:=False,
Range:=wdPrintAllDocument, _
        OutputFileName:="", From:=0, to:=0, Item:=wdPrintDocumentContent,
Copies:=1, _
        Pages:="", PageType:=wdPrintAllPages, PrintToFile:=False,
Collate:=True, _
        ManualDuplexPrint:=False, PrintZoomColumn:=1, PrintZoomRow:=1, _
        PrintZoomPaperWidth:=0, PrintZoomPaperHeight:=0
    wd.DisplayAlerts = False               '不提示保存对话框
    doc.Close
    wd.Quit
    Set wd = Nothing
    f1 = Dir
  Loop
  n4 = n2 + n3
  s4 = "完毕！共转换Word文件 " & n4 & " 个，其中doc文件 " & n2 & " 个，
docx文件 " & n3 & " 个，请检查同级目录下生成的jpg文件！"
  MsgBox s4
End If
```

本示例对Word文件进行处理时，需要先进行实例化，然后打开Word文件进行相应操作，最后关闭打开文件，退出应用程序并释放应用程序对象。

当选择文件夹路径时，由于事先不知道文件夹下有多少文件需要转换，这里使用了Dir( )函数对路径下的文件进行查找，然后再对查找出来的符合要求的文件逐一进行处理。

批量Excel文件生成jpg格式文件的主要示例代码如下：

```
If Option5.Value = True Then
  f1 = Dir(s1 & "\*.xls")
  n2 = 0
  n3 = 0
  Do While f1 <> ""
```

```
    If Right(f1, 5) = ".xlsx" Then
        n1 = Len(f1) − 5
        n3 = n3 + 1
    End If
    If Right(f1, 4) = ".xls" Then
        n1 = Len(f1) − 4
        n2 = n2 + 1
    End If
    f2 = Left(f1, n1)
    s2 = s1 & "\" & f1
    s3 = "" & s1 & "\" & f2 & ".jpg" & ""
    Set xlapp = CreateObject("Excel.Application")          '创建Excel对象
    Set xlbook = xlapp.Workbooks.Open(s2)       '打开Excel工作簿文件
        xlapp.Visible = False                       '设置Excel对象不可见
    xlapp.ActiveWorkbook.PrintOut Copies:=1, Collate:=True,
IgnorePrintAreas:=False
        xlapp.DisplayAlerts = False               '关闭时不提示保存
        xlapp.Workbooks.Close                     '关闭工作簿
        xlapp.Quit                                '退出 Excel
        Set xlapp = Nothing                       '释放xlApp对象
        f1 = Dir
    Loop
    n4 = n2 + n3
    s4 = "完毕！共转换Excel表格 " & n4 & " 个，其中xls表格 " & n2 & " 个，
xlsx表格 " & n3 & " 个，请检查同级目录下生成的jpg文件！ "
    MsgBox s4
End If
End Sub
```

　　需要注意的是，批量Office文件转jpg格式需事先在计算机上安装虚拟打印机软件作支持。

　　pdf格式是常用的文件格式，由于不同计算机的默认页面设置不一致，同一个文件在不同计算机的显示效果可能不同。为了保证打印效果统一，常常

将文件制作成pdf格式。完整版的Office软件本身包含输出为pdf格式的功能，但当有很多文件需要转换pdf格式时，靠手动打开文件逐一保存是费时费力的。这时，依靠VB 6.0编程实现将批量Word、Excel、Powerpoint文件转换为pdf格式是最佳的选择。设计的批量Office文件转pdf格式程序界面如图7-1-2所示。

图7-1-2　批量Office文件转pdf格式程序界面

在识别文件路径时，文本框设计为可以输入完整文件夹路径于"文件所在路径"，也可以选择整理方式中的"依路径"，点击右侧"选择转换"按钮后在弹出的对话框界面选择文件夹，这样就增加了程序使用的灵活度。

批量Word文件生成pdf文件的主要代码示例如下：

```
Private Sub Command2_Click( )
Dim ptapp As Object
If Option12.Value = True Then
    s1 = Text2.Text
End If
If Option13.Value = True Then
    s1 = GetFolder(Me.hwnd, "请选择Office文件所在文件夹：")
End If
If Option1.Value = True Then
    f1 = Dir(s1 & "\*.doc")
    n2 = 0
    n3 = 0
    Do While f1 <> ""
        If Right(f1, 5) = ".docx" Then
            n1 = Len(f1) - 5
            n3 = n3 + 1
        End If
        If Right(f1, 4) = ".doc" Then
```

```
            n1 = Len(f1) - 4
            n2 = n2 + 1
        End If
        f2 = Left(f1, n1)
        s2 = s1 & "\" & f1
        s3 = "" & s1 & "\" & f2 & ".pdf" & ""
        Set wd = New Word.Application            '实例化
        Set doc = wd.Documents.Open(s2)          '当模板用add, 否则用open
        wd.Visible = False                       '隐藏 Office Word 界面
        wd.ActiveDocument.ExportAsFixedFormat OutputFileName:=s3 _
            , ExportFormat:=wdExportFormatPDF, OpenAfterExport:=False,
OptimizeFor:= _
            wdExportOptimizeForOnScreen, Range:=wdExportAllDocument,
From:=1, to:=1, _
            Item:=wdExportDocumentContent, IncludeDocProps:=True,
KeepIRM:=True, _
            CreateBookmarks:=wdExportCreateNoBookmarks,
DocStructureTags:=False, _
            BitmapMissingFonts:=False, UseISO19005_1:=False
        wd.DisplayAlerts = False              '不提示保存对话框
        wd.Quit
        Set wd = Nothing
        f1 = Dir
    Loop
    n4 = n2 + n3
    s4 = "完毕! 共转换Word文件 " & n4 & " 个, 其中doc文件 " & n2 & " 个,
docx文件 " & n3 & " 个, 请检查同级目录下生成的pdf文件! "
    MsgBox s4
End If
```

从上述代码可以看出，与前述Office文件转jpg格式不同的是，这里将文件进行了保存，因此代码中用OutputFileName规定了文件名，用ExportFormat规定了输出格式。

批量Excel文件生成pdf文件的主要代码示例如下：

```
If Option2.Value = True Then
    f1 = Dir(s1 & "\*.xls")
    n2 = 0
    n3 = 0
    Do While f1 <> ""
        If Right(f1, 5) = ".xlsx" Then
            n1 = Len(f1) - 5
            n3 = n3 + 1
        End If
        If Right(f1, 4) = ".xls" Then
            n1 = Len(f1) - 4
            n2 = n2 + 1
        End If
        f2 = Left(f1, n1)
        s2 = s1 & "\" & f1
        s3 = "" & s1 & "\" & f2 & ".pdf" & ""
        Set xlapp = CreateObject("Excel.Application")
        Set xlbook = xlapp.Workbooks.Open(s2)
            xlapp.Visible = False
        xlapp.ActiveWorkbook.ExportAsFixedFormat Type:=xlTypePDF, _
FileName:=s3, Quality:=xlQualityMinimum, IncludeDocProperties:=True, _
IgnorePrintAreas:=False, OpenAfterPublish:=False
        xlapp.DisplayAlerts = False
        xlapp.Workbooks.Close
        xlapp.Quit
        Set xlapp = Nothing
        f1 = Dir
    Loop
    n4 = n2 + n3
    s4 = "完毕！共转换Excel文件 " & n4 & " 个，其中xls文件 " & n2 & " 个，
xlsx文件 " & n3 & " 个，请检查同级目录下生成的pdf文件！ "
```

```
    MsgBox s4
End If
If Option3.Value = True Then
    f1 = Dir(s1 & "\*.ppt")
    n2 = 0
    n3 = 0
    Do While f1 <> ""
        If Right(f1, 5) = ".pptx" Then
            n1 = Len(f1) – 5
            n3 = n3 + 1
        End If
        If Right(f1, 4) = ".ppt" Then
            n1 = Len(f1) – 4
            n2 = n2 + 1
        End If
        f2 = Left(f1, n1)
        s2 = s1 & "\" & f1
        s3 = "" & s1 & "\" & f2 & ".pdf" & ""
        Set ptapp = CreateObject("powerpoint.Application")          '创建ppt对象
        Set ptpre = ptapp.presentations.Open(s2)                    '打开ppt文件
        ptapp.ActivePresentation.ExportAsFixedFormat Path:="C:\123.PDF", FixedFo
rmatType:=ppFixedFormatTypePDF, Intent:=ppFixedFormatIntentScreen, _
FrameSlides:=msoCTrue, HandoutOrder:=ppPrintHandoutHorizontalFirst, _
OutputType:=ppPrintOutputBuildSlides, PrintHiddenSlides:=msoFalse
        ptapp.DisplayAlerts = False              '关闭时不提示保存
        ptapp.Activepresentations.Close          '关闭ppt
        ptapp.Quit                               '退出ppt
        Set ptpre = Nothing                      '释放ptpre对象
        Set ptapp = Nothing                      '释放ptapp对象
        f1 = Dir
    Loop
    n4 = n2 + n3
    s4 = "完毕！共转换powerpoint文件 " & n4 & " 个，其中ppt文件 " & n2 & "
```

个，pptx文件 " & n3 & " 个，请检查同级目录下生成的pdf文件！"

 MsgBox s4

End If

End Sub

　　需要注意的是，批量Office文件转pdf格式需计算机安装另存文件类型列表中含有pdf格式选项的Office软件。若没有此选项，表明Office软件安装不完整，则要重新安装完整版的Office软件。

7.2　Excel文件批量处理

　　在工程实践中，有的软件在生成数据表时，会将一个系列的数据表全部生成到一个工作簿文件中，而实际使用时只需要单独的工作簿文件，即每个工作簿下只有一个工作表。这种情况下，可以使用VB 6.0将每个Excel工作簿下的工作表进行分离，分别另存为单独的Excel文件。设计的批量工作表另存程序界面如图7-2-1所示。

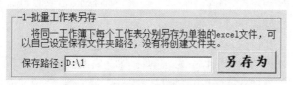

图7-2-1　批量工作表另存程序界面

　　批量工作表另存为单独文件的主要代码示例如下：

```
Private Sub Command2_Click( )
    f1 = CommonDialog2.FileName
    Set Mbook = ActiveWorkbook
    s1 = Text4.Text
    s2 = "" & s1 & ""
    s3 = "" & s1 & "\" & ""
    If Dir(s2, vbDirectory) = "" Then          '没有则建立文件夹
        MkDir (s2)
```

```
End If
Set xlApp = CreateObject("Excel.Application")
Set xlBook = xlApp.Workbooks.Open(f1)
    xlApp.Visible = False
n = xlBook.Worksheets.Count
For i = 1 To n
  s4 = "" & xlBook.Worksheets(i).Name & ""
  Set xlSheet = xlBook.Worksheets(s4)
      xlSheet.Activate
  xlBook.Worksheets(i).Copy
  ActiveWorkbook.SaveAs FileName:=s3 & xlBook.Worksheets(i).Name & ".xls"
  ActiveWindow.Close
Next
xlApp.ActiveWorkbook.Save
xlApp.DisplayAlerts = False
xlApp.Workbooks.Close
xlApp.Quit
Set xlApp = Nothing
s5 = "完毕！共另存工作表 " & n & " 个，请检查您设置的保存目录："" &
s3 & ""文件夹及分离的xls文件！"
MsgBox s5
End Sub
```

　　CASS软件下生成的界址点成果表坐标和界址边长的小数位不统一，且面积的小数位可能与项目要求不一致，以及有的项目不需要建筑面积注记。如果有大量这样的成果表需要处理，逐个打开修改显然效率太低，应考虑使用VB 6.0编程实现批量设置CASS界址点成果表的小数位。设计的批量设置CASS界址点成果表小数位程序界面如图7-2-2所示。

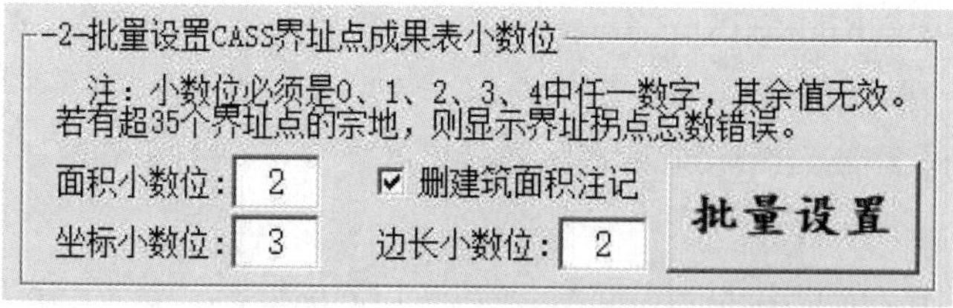

图7-2-2   批量设置CASS界址点成果表小数位程序界面

批量设置CASS界址点成果表小数位的主要代码示例如下：

```
Private Sub Command1_Click( )
Dim strFileName$, aryFileName$( ), i&, j&, k&, t&
    CommonDialog1.MaxFileSize = 32767
    Me.CommonDialog1.Flags = cdlOFNExplorer + cdlOFNAllowMultiselect
    Me.CommonDialog1.ShowOpen
    strFileName = Me.CommonDialog1.FileName
    n3 = Val(Text1.Text)            '面积小数位
    n4 = Val(Text2.Text)            '坐标小数位
    n5 = Val(Text3.Text)            '边长小数位
    s9 = ":"
    If Len(strFileName) > 0 Then
        Debug.Print strFileName
        aryFileName = Split(strFileName, vbNullChar)
        n1 = LBound(aryFileName) + 1       '第一个为文件夹名
        n2 = UBound(aryFileName)           '所选文件个数
        s1 = aryFileName(0)                '所选文件夹名
        n9 = 0
        For i = n1 To n2
            s2 = "" & s1 & "\" & aryFileName(i) & ""
            Set xlApp = CreateObject("Excel.Application")
            Set xlBook = xlApp.Workbooks.Open(s2)
                xlApp.Visible = False
            s3 = " " & xlBook.Worksheets(1).Name & ""
            Set xlSheet = xlBook.Worksheets(s3)
                xlSheet.Activate
```

187

```
    zdh(i) = Right(xlApp.ActiveSheet.Cells(3, 1), Len(xlApp.ActiveSheet.
Cells(3, 1)) - 9)
    qlr(i) = Right(xlApp.ActiveSheet.Cells(4, 1), Len(xlApp.ActiveSheet.Cells(4,
1)) - 9)
    zdmj(i) = Val(Right(xlApp.ActiveSheet.Cells(5, 1), Len(xlApp.ActiveSheet.
Cells(5, 1)) - 15))
    s4 = "       宗地面积(平方米): "
    If Check1.Value = 1 Then
        xlApp.ActiveSheet.Cells(6, 1) = ""
    End If
    If Check1.Value = 0 Then
        If xlApp.ActiveSheet.Cells(6, 1) <> "" Then
            jzmj(i) = Val(Right(xlApp.ActiveSheet.Cells(6, 1), Len(xlApp.
ActiveSheet.Cells(6, 1)) - 15))
        End If
    End If
    Select Case n3
        Case 0
            xlApp.ActiveSheet.Cells(5, 1) = s4 & Format(zdmj(i), "0")
            If Check1.Value = 0 Then
                xlApp.ActiveSheet.Cells(6, 1) = "       建筑面积(平方米): " &
Format(jzmj(i), "0")
            End If
        Case 1
            xlApp.ActiveSheet.Cells(5, 1) = s4 & Format(zdmj(i), "0.0")
            If Check1.Value = 0 Then
                xlApp.ActiveSheet.Cells(6, 1) = "       建筑面积(平方米): " &
Format(jzmj(i), "0.0")
            End If
        Case 2
            xlApp.ActiveSheet.Cells(5, 1) = s4 & Format(zdmj(i), "0.00")
            If Check1.Value = 0 Then
                xlApp.ActiveSheet.Cells(6, 1) = "       建筑面积(平方米): " &
```

```
Format(jzmj(i), "0.00")
            End If
        Case 3
            xlApp.ActiveSheet.Cells(5, 1) = s4 & Format(zdmj(i), "0.000")
            If Check1.Value = 0 Then
                xlApp.ActiveSheet.Cells(6, 1) = "      建筑面积(平方米): " &
Format(jzmj(i), "0.000")
            End If
        Case 4
            xlApp.ActiveSheet.Cells(5, 1) = s4 & Format(zdmj(i), "0.0000")
            If Check1.Value = 0 Then
                xlApp.ActiveSheet.Cells(6, 1) = "      建筑面积(平方米): " &
Format(jzmj(i), "0.0000")
            End If
    End Select
    Select Case n4
        Case 0
        xlApp.ActiveSheet.Columns("C:D").NumberFormatLocal = "0_ "
        Case 1
        xlApp.ActiveSheet.Columns("C:D").NumberFormatLocal = "0.0_ "
        Case 2
        xlApp.ActiveSheet.Columns("C:D").NumberFormatLocal = "0.00_ "
        Case 3
        xlApp.ActiveSheet.Columns("C:D").NumberFormatLocal = "0.000_ "
        Case 4
        xlApp.ActiveSheet.Columns("C:D").NumberFormatLocal = "0.0000_ "
    End Select
    Select Case n5
        Case 0
        xlApp.ActiveSheet.Columns("E:E").NumberFormatLocal = "0_ "
        Case 1
        xlApp.ActiveSheet.Columns("E:E").NumberFormatLocal = "0.0_ "
        Case 2
```

```
        xlApp.ActiveSheet.Columns("E:E").NumberFormatLocal = "0.00_ "
        Case 3
        xlApp.ActiveSheet.Columns("E:E").NumberFormatLocal = "0.000_ "
        Case 4
        xlApp.ActiveSheet.Columns("E:E").NumberFormatLocal = "0.0000_ "
    End Select
    For j = 10 To 80 Step 2
        If xlApp.ActiveSheet.Cells(j, 1) = "" Then
            jzds(i) = Val(xlApp.ActiveSheet.Cells(j – 4, 1))
            Exit For
        End If
    Next
    n9 = n9 + jzds(i)
    xlApp.ActiveSheet.PageSetup.CenterHorizontally = True
    xlApp.ActiveSheet.PageSetup.CenterVertically = True
    xlApp.ActiveWorkbook.Save
    xlApp.DisplayAlerts = False
    xlApp.Workbooks.Close
    xlApp.Quit
    Set xlApp = Nothing
    Next
  End If
    s5 = "完毕！共处理地籍调查表 " & n2 & " 个，界址拐点总数 " & n9 & "
个，请检查对应文件夹及文件！"
    MsgBox s5
End Sub
```

7.3　文本文件批量处理

如果文件只有奇数行或偶数行的信息有用，而且该文件行数特别多，当需要提取有用的奇数行或者偶数行信息时，可以考虑使用VB 6.0编程来实现。

当有大量文件，每个文件都只有某特定行信息有用或固定的某一段落的信息有用，或者存在一定的规律性时（如每间隔一定行数后面就有一行有用信息），可以考虑使用VB 6.0编程来实现。

当需要批量替换文件中的某个字符或某行字符串时，也可以考虑使用VB 6.0编程来实现。设计的文本文件批量处理程序界面如图7-3-1所示。

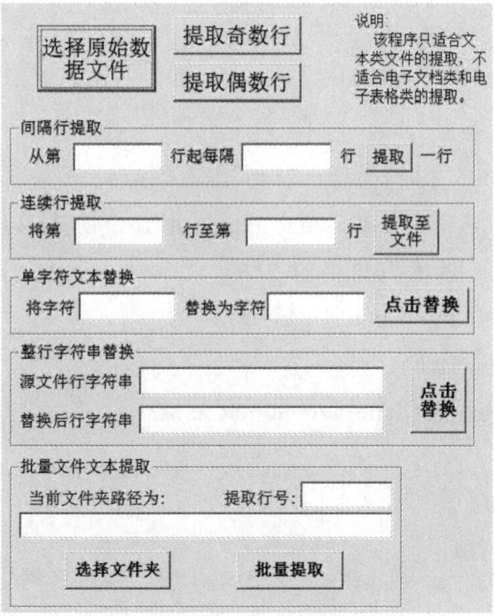

图7-3-1　文本文件批量处理程序界面

文本文件批量处理的主要代码示例如下：

```
Option Explicit
Option Base 1
Private Sub Command1_Click( )
n = 0
For i = 1 To 1000000
  If EOF(1) = True Then
    Exit For
  End If
  Line Input #1, b(i)
  n = n + 1
Next
```

```
t = (n + 1) / 2
ReDim a(n)
For j = 1 To t
   k = 2 * j - 1
   a(j) = b(k)
   Print #2, a(j)
Next
MsgBox "奇数行成功提取完毕！"
End Sub
Private Sub Command3_Click( )              '提取偶数行
CommonDialog2.Filter = "文本文件(*.txt)|*.txt|CASS数据文件(*.dat)|*.dat|逗号
分隔文件(*.csv)|*.csv|所有文件(*.*)|*.*"
Open CommonDialog1.FileName For Input As #1
CommonDialog2.ShowSave
Open CommonDialog2.FileName For Output As #2
n = 0
For i = 1 To 1000000
   If EOF(1) = True Then
      Exit For
   End If
   Line Input #1, b(i)
   n = n + 1
Next
t = n / 2
ReDim a(n)
For j = 1 To t
   k = 2 * j
   a(j) = b(k)
   Print #2, a(j)
Next
MsgBox "偶数行成功提取完毕！"
End Sub
Private Sub Command4_Click( )
```

```
n = 0
For i = 1 To 1000000
   If EOF(1) = True Then
      Exit For
   End If
   Line Input #1, b(i)
   n = n + 1
Next
c = Val(Text1.Text)
d = Val(Text2.Text)
t = (n − c + d + 2) / (d + 1)
ReDim a(n)
For i = 1 To t
   k = c + (d + 1) * (i − 1)
   a(i) = b(k)
   Print #2, a(i)
Next
MsgBox "自定义提取完毕!"
End Sub
Private Sub Command5_Click( )
s1 = Text3.Text
s2 = Text4.Text
n = 0
For i = 1 To 1000000
   If EOF(1) = True Then
      Exit For
   End If
   Line Input #1, a(i)
   n = n + 1
Next
For i = 1 To n
   n1 = Len(a(i))
   c(i) = ""
```

```vb
  For j = 1 To n1
     b = Mid$(a(i), j, 1)
     If b = s1 Then
        b = s2
     End If
     c(i) = c(i) & b
  Next
Next
CommonDialog2.Filter = "文本文件(*.txt)|*.txt|CASS数据文件(*.dat)|*.dat|所有
文件(*.*)|*.*"
CommonDialog2.ShowSave
Open CommonDialog2.FileName For Output As #2
For i = 1 To n
   Print #2, c(i)
Next
MsgBox "提取完毕! 请检查! "
End Sub
Private Sub Command9_Click( )
n = 0
For i = 1 To 1000000
   If EOF(1) = True Then
      Exit For
   End If
   Line Input #1, str(i)
   n = n + 1
Next
c = Val(Text5.Text)
d = Val(Text6.Text)
CommonDialog6.ShowSave
Open CommonDialog6.FileName For Output As #2
For i = c To d
   Print #2, str(i)
Next
```

```
MsgBox "自定义提取完毕!"
End Sub
```

7.4　批量设置参数

在实践中，当有大量的Excel文件需要设置统一的参数时，如果打开表格进行逐一修改，即便录制宏使用快捷键一键设置，依然费时费力。此时可考虑利用VB 6.0编程调用Office接口组件实现各项参数设置。设计的Excel页面批量设置程序界面如图7-4-1所示。

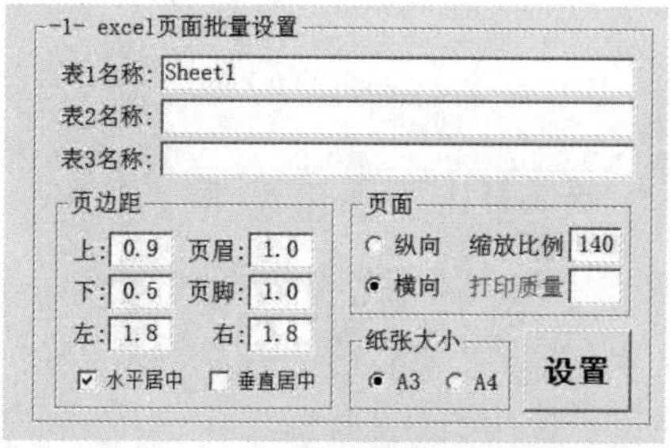

图7-4-1　Excel页面批量设置程序界面

在本例中，需要设置的内容包括Excel工作表名称、页边距、页眉、页脚、居中方式、页面版式、缩放比例和纸张大小等。

Excel页面批量设置的主要代码示例如下：

```
Private Sub Command1_Click( )
'Excel页面批量设置
    CommonDialog1.MaxFileSize = 32767
    Me.CommonDialog1.Flags = cdlOFNExplorer + cdlOFNAllowMultiselect
    Me.CommonDialog1.ShowOpen
    strFileName = Me.CommonDialog1.FileName
    a1 = Val(Text1.Text)          '上
    a2 = Val(Text2.Text)          '下
    a3 = Val(Text3.Text)          '左
    a4 = Val(Text4.Text)          '右
```

195

```
a5 = Val(Text5.Text)              '页眉
a6 = Val(Text6.Text)              '页脚
a7 = 1# * Val(Text7.Text)         '缩放比例
a8 = 1# * Val(Text8.Text)         '打印质量
s4 = "" & Text9.Text & ""              '表1名称
s5 = "" & Text10.Text & ""             '表2名称
s6 = "" & Text20.Text & ""             '表3名称
If Len(strFileName) > 0 Then
    Debug.Print strFileName
    aryFileName = Split(strFileName, vbNullChar)
    n1 = LBound(aryFileName) + 1        '第一个为文件夹名
    n2 = UBound(aryFileName)            '所选文件个数
    s1 = aryFileName(0)                 '所选文件夹名
    For i = n1 To n2
        s2 = "" & s1 & "\" & aryFileName(i) & ""
        Set xlApp = CreateObject("Excel.Application")
        Set xlBook = xlApp.Workbooks.Open(s2)
            xlApp.Visible = False
        If s4 <> "" Then
            Set xlSheet = xlBook.Worksheets(s4)
                xlSheet.Activate
            xlApp.ActiveSheet.PageSetup.TopMargin = a1 / 0.03527       '上
            xlApp.ActiveSheet.PageSetup.BottomMargin = a2 / 0.03527    '下
            xlApp.ActiveSheet.PageSetup.LeftMargin = a3 / 0.03527      '左
            xlApp.ActiveSheet.PageSetup.RightMargin = a4 / 0.03527     '右
            xlApp.ActiveSheet.PageSetup.HeaderMargin = a5 / 0.03527    '页眉
            xlApp.ActiveSheet.PageSetup.FooterMargin = a6 / 0.03527    '页脚
            If Check1.Value = 1 Then
                xlApp.ActiveSheet.PageSetup.CenterHorizontally = True
            End If
            If Check2.Value = 1 Then
                xlApp.ActiveSheet.PageSetup.CenterVertically = True
            End If
```

```vba
    If Option3.Value = True Then
        xlApp.ActiveSheet.PageSetup.PaperSize = xlPaperA3
    End If
    If Option4.Value = True Then
        xlApp.ActiveSheet.PageSetup.PaperSize = xlPaperA4
    End If
    xlApp.ActiveSheet.PageSetup.Zoom = a7          '缩放比例
    xlApp.ActiveWorkbook.Save
    xlApp.DisplayAlerts = False
    xlApp.Workbooks.Close
    xlApp.Quit
    Set xlApp = Nothing
End If
If s5 <> "" Then
    Set xlSheet = xlBook.Worksheets(s5)
        xlSheet.Activate
    xlApp.ActiveSheet.PageSetup.TopMargin = a1 / 0.03527          '上
    xlApp.ActiveSheet.PageSetup.BottomMargin = a2 / 0.03527       '下
    xlApp.ActiveSheet.PageSetup.LeftMargin = a3 / 0.03527         '左
    xlApp.ActiveSheet.PageSetup.RightMargin = a4 / 0.03527        '右
    xlApp.ActiveSheet.PageSetup.HeaderMargin = a5 / 0.03527       '页眉
    xlApp.ActiveSheet.PageSetup.FooterMargin = a6 / 0.03527       '页脚
    If Check1.Value = 1 Then
        xlApp.ActiveSheet.PageSetup.CenterHorizontally = True
    End If
    If Check2.Value = 1 Then
        xlApp.ActiveSheet.PageSetup.CenterVertically = True
    End If
    If Option3.Value = True Then
        xlApp.ActiveSheet.PageSetup.PaperSize = xlPaperA3
    End If
    If Option4.Value = True Then
        xlApp.ActiveSheet.PageSetup.PaperSize = xlPaperA4
```

```
        End If
        xlApp.ActiveWindow.Zoom = a7                    '缩放比例
        xlApp.ActiveWorkbook.Save
        xlApp.DisplayAlerts = False
        xlApp.Workbooks.Close
        xlApp.Quit
        Set xlApp = Nothing
    End If
    If s6 <> "" Then
        Set xlSheet = xlBook.Worksheets(s6)
            xlSheet.Activate
        xlApp.ActiveSheet.PageSetup.TopMargin = a1 / 0.03527      '上
        xlApp.ActiveSheet.PageSetup.BottomMargin = a2 / 0.03527   '下
        xlApp.ActiveSheet.PageSetup.LeftMargin = a3 / 0.03527     '左
        xlApp.ActiveSheet.PageSetup.RightMargin = a4 / 0.03527    右
        xlApp.ActiveSheet.PageSetup.HeaderMargin = a5 / 0.03527   '页眉
        xlApp.ActiveSheet.PageSetup.FooterMargin = a6 / 0.03527   '页脚
        If Check1.Value = 1 Then
            xlApp.ActiveSheet.PageSetup.CenterHorizontally = True
        End If
        If Check2.Value = 1 Then
            xlApp.ActiveSheet.PageSetup.CenterVertically = True
        End If
        If Option3.Value = True Then
            xlApp.ActiveSheet.PageSetup.PaperSize = xlPaperA3
        End If
        If Option4.Value = True Then
            xlApp.ActiveSheet.PageSetup.PaperSize = xlPaperA4
        End If
        xlApp.ActiveWindow.Zoom = a7                    '缩放比例
        xlApp.ActiveWorkbook.Save
        xlApp.DisplayAlerts = False
        xlApp.Workbooks.Close
```

```
            xlApp.Quit
            Set xlApp = Nothing
         End If
      Next
   End If
   s3 = "完毕！共处理Excel文件 " & n2 & " 个。"
   MsgBox s3
End Sub
```

　　示例中使用CommonDialog通用对话框控件打开选择要处理的文件，这种情况下所选择的文件数量是有上限规定的，即程序中的MaxFileSize所设置的最高值为"32767"。该值并非随意规定的，而是由于早期的计算机内存有限，使得CommonDialog通用对话框控件不能打开更多的文件，否则会出现宕机情况。这里的"32767"是字符数，即文件名加后缀总共为32767字符，如果文件名很长，那么能选择的文件数量上限就会变少。例如：123.xls是7个字符，123.xlsx是8个字符，工作表.xls是7个字符，具体最多能打开多少个文件，把所有的文件名称和后缀加起来，与限制值"32767"对比一下就清楚了。

　　需要注意的是，代码中的页边距值在程序中的单位并不是厘米或毫米，而是英寸，因此，应将数据进行换算后再填入程序界面。

　　上述示例只是单纯堆砌代码去实现需要的功能，以便于读者理解其原理和实现过程。细心的读者会发现，3个工作表有很多相同的代码，不同的地方在于Set xlSheet语句。因此，这3个工作表是可以使用循环来实现的，只需要判断一下是哪个表格需要处理而已。

　　如果大量的Excel文件已经生成，但是发现每个文件里面有一个或多个固定的单元格的数据需要修改，如果这种情况下打开文件去逐一修改，工作量是难以想象的，因此可考虑使用VB 6.0编程来实现。设计的Excel固定单元格位置批量修改程序界面如图7-4-2所示。

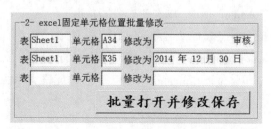

图7-4-2　Excel固定单元格位置批量修改程序界面

Excel固定单元格位置批量修改的主要代码示例如下：

```
Private Sub Command2_Click( )
'Excel固定单元格位置批量修改
    CommonDialog1.MaxFileSize = 32767
    Me.CommonDialog1.Flags = cdlOFNExplorer + cdlOFNAllowMultiselect
    Me.CommonDialog1.ShowOpen
    strFileName = Me.CommonDialog1.FileName
    a1 = "" & Text11.Text & ""              '表1名称
    a2 = "" & Text12.Text & ""              '表1单元格
    a3 = Text13.Text                        '表1文本内容
    a4 = "" & Text14.Text & ""              '表2名称
    a5 = "" & Text15.Text & ""              '表2单元格
    a6 = Text16.Text                        '表2文本内容
    a7 = "" & Text17.Text & ""              '表3名称
    a8 = "" & Text18.Text & ""              '表3单元格
    a9 = Text19.Text                        '表3文本内容
    If Len(strFileName) > 0 Then
        Debug.Print strFileName
        aryFileName = Split(strFileName, vbNullChar)
        n1 = LBound(aryFileName) + 1        '第一个为文件夹名
        n2 = UBound(aryFileName)            '所选文件个数
        s1 = aryFileName(0)                 '所选文件夹名
        For i = n1 To n2
            s2 = "" & s1 & "\" & aryFileName(i) & ""
            Set xlApp = CreateObject("Excel.Application")
            Set xlBook = xlApp.Workbooks.Open(s2)
                xlApp.Visible = False
            If a1 <> "" And a2 <> "" And a3 <> "" Then
                Set xlSheet = xlBook.Worksheets(a1)
                    xlSheet.Activate
                xlApp.ActiveSheet.Range(a2) = a3        '单元格文本内容赋值
                xlApp.ActiveWorkbook.Save
```

```
        End If
        If a4 <> "" And a5 <> "" And a6 <> "" Then
            Set xlSheet = xlBook.Worksheets(a4)
                xlSheet.Activate
            xlApp.ActiveSheet.Range(a5) = a6
            xlApp.ActiveWorkbook.Save
        End If
        If a7 <> "" And a8 <> "" And a9 <> "" Then
            Set xlSheet = xlBook.Worksheets(a7)
                xlSheet.Activate
            xlApp.ActiveSheet.Range(a8) = a9
            xlApp.ActiveWorkbook.Save
        End If
        xlApp.DisplayAlerts = False
        xlApp.Workbooks.Close
        xlApp.Quit
        Set xlApp = Nothing
    Next
    End If
    s3 = "完毕！共处理Excel文件 " & n2 & " 个。"
    MsgBox s3
End Sub
```

上述示例是针对特定的单元格需要替换的情况。若不能确定单元格位置，抑或在不同的表格文件中，特定的字符串并不在某个固定位置，而是分别位于不同位置，这就需要通过循环查找，分析比对每个单元格的值。现通过示例介绍这种情况里最简单的一种，即单元格内容与设定需要查找的内容字符串完全匹配，至于单元格内容中包含设定查找字符串的情况，读者可以在本示例的基础上思考改进。设计的Excel固定字符串内容批量修改程序界面如图7-4-3所示。

图7-4-3　Excel固定字符串内容批量修改程序界面

Excel固定字符串内容批量修改的主要代码示例如下：

```
Private Sub Command3_Click( )
'Excel固定字符串内容批量修改
Dim strFileName$, aryFileName$( ), i&, j&, k&, p&, q&, m&, h&, n1&, n2&
Dim a1$, a2$, a3$, a4$, a5$, a6$, a7$, a8$, a9$, s1$, s2$, s3$, s4$, s5$
    CommonDialog1.MaxFileSize = 32767
    Me.CommonDialog1.Flags = cdlOFNExplorer + cdlOFNAllowMultiselect
    Me.CommonDialog1.ShowOpen
    strFileName = Me.CommonDialog1.FileName
    a1 = "" & Text21.Text & ""      '表1名称
    a2 = Text22.Text                '拟修改内容
    a3 = Text23.Text                '改后内容
    a4 = "" & Text24.Text & ""      '表2名称
    a5 = Text25.Text                '拟修改内容
    a6 = Text26.Text                '改后内容
    a7 = "" & Text27.Text & ""      '表3名称
    a8 = Text28.Text                '拟修改内容
    a9 = Text29.Text                '改后内容
    If Len(strFileName) > 0 Then
        Debug.Print strFileName
        aryFileName = Split(strFileName, vbNullChar)
        n1 = LBound(aryFileName) + 1
        n2 = UBound(aryFileName)
        s1 = aryFileName(0)
        For i = n1 To n2
            s2 = "" & s1 & "\" & aryFileName(i) & ""
```

```
            Set xlApp = CreateObject("Excel.Application")
            Set xlBook = xlApp.Workbooks.Open(s2)
                xlApp.Visible = False
            If a1 <> "" And a2 <> "" And a3 <> "" Then
                Set xlSheet = xlBook.Worksheets(a1)
                    xlSheet.Activate
                For j = 1 To 99
                    For k = 1 To 26
                        If xlApp.ActiveSheet.Cells(j, k) = a2 Then
                            xlApp.ActiveSheet.Cells(j, k) = a3        '字符串整体替换
                        End If
                    Next
                Next
                xlApp.ActiveWorkbook.Save
            End If
            If a4 <> "" And a5 <> "" And a6 <> "" Then
                Set xlSheet = xlBook.Worksheets(a4)
                    xlSheet.Activate
                For p = 1 To 99
                    For q = 1 To 26
                        If xlApp.ActiveSheet.Cells(p, q) = a5 Then
                            xlApp.ActiveSheet.Cells(p, q) = a6
                        End If
                    Next
                Next
                xlApp.ActiveWorkbook.Save
            End If
            If a7 <> "" And a8 <> "" And a9 <> "" Then
                Set xlSheet = xlBook.Worksheets(a7)
                    xlSheet.Activate
                For m = 1 To 99
                    For h = 1 To 26
                        If xlApp.ActiveSheet.Cells(m, h) = a8 Then
```

```
                    xlApp.ActiveSheet.Cells(m, h) = a9
                End If
            Next
        Next
        xlApp.ActiveWorkbook.Save
    End If
    xlApp.DisplayAlerts = False
    xlApp.Workbooks.Close
    xlApp.Quit
    Set xlApp = Nothing
    Next
End If
s3 = "完毕！共处理Excel文件 " & n2 & " 个。"
MsgBox s3
End Sub
```

注意，如果程序打开表格文件后使用xlApp.ActiveWorkbook.Save语句进行保存，是覆盖原文件保存的。如果不能确定修改后的数据是否正确，或需要人为再检查核实，应使用xlApp.ActiveWorkbook.SaveAs "完整路径及文件名"语句进行保存，避免直接覆盖原文件。

8 系统工具

8.1 批量创建文件夹

在整理地籍档案的过程中，如果已经具备宗地名称清单，需要创建以宗地名称为基础的文件夹时，可以通过VB 6.0程序设计读取宗地名称文件，循环记录文件夹名称，然后用创建文件夹语句逐一自动创建符合要求的文件夹。设计的批量创建文件夹程序界面如图8-1-1所示。

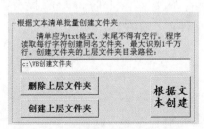

图8-1-1　批量创建文件夹程序界面

根据文本清单批量创建文件夹的主要代码示例如下：

```
Private Sub Command3_Click( )
n = 0
s1 = Text3.Text & "\"
For i = 1 To 10000000
    If EOF(1) = True Then
        Exit For
```

```
    End If
    Line Input #1, a(i)
    MkDir (s1 & a(i))
    n = n + 1
Next
s2 = "创建文件夹完毕！共创建文件夹 " & n & " 个，请检查！"
MsgBox s2
End Sub
Private Sub Command5_Click( )
Dim fso As New FileSystemObject, s3$
Dim fldr As folder
Dim n As String
n = MsgBox("文件夹一旦删除将不可恢复，确实要删除该文件夹吗？",
vbInformation + vbOKCancel, "提示信息")
s3 = Text3.Text
If n = vbOK Then
    If Dir(s3, vbDirectory) <> "" Then
        fso.DeleteFolder (s3)
        MsgBox "文件夹删除成功！", vbInformation, "提示信息！"
        Else: MsgBox "该文件夹不存在！"
    End If
End If
End Sub
Private Sub Command6_Click( )
Dim s4$
s4 = Text3.Text
If Dir(s4, vbDirectory) = "" Then
    MkDir (s4)
    MsgBox "文件夹创建成功！"
    Else: MsgBox "该文件夹已存在！"
End If
End Sub
```

示例的核心语句是MkDir( )函数，该函数的作用是创建文件夹，必须给出明确而完整的文件夹创建路径。另外，使用FileSystemObject对象需要事先在"工程"→"引用"中添加Microsoft Scripting Runtime，否则程序无法编译通过。

8.2 文件夹批量改名

在整理地籍档案时，初始已按一定规则命名的文件夹在后期可能面临命名规则的变化，比如以"宗地号#权利人名称"方式命名的文件夹，现在需要只以宗地号命名，或者以"流水号–权利人名称"方式命名的文件夹，现在需要只以权利人名称命名。当这种文件夹比较多时，使用VB 6.0编程实现自动命名是最理想的方法。如果文件夹均包含特定的特殊字符，如#、–、@等，在编程时，就可以利用这个特性，对原文件夹名称进行分割，得到需要的目标文件夹名称字符串。设计的文件夹批量改名程序界面如图8–2–1所示。

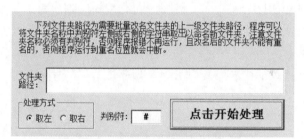

图8–2–1　文件夹批量改名程序界面

文件夹批量改名的主要代码示例如下：

```
Private Sub Command1_Click( )
'文件夹批量改名
n = 0
s1 = Text1.Text & "\"
s2 = Text2.Text                   '判别符
f1 = Dir(s1, vbDirectory)         '查找第一个文件夹
Do While f1 <> ""                 '循环到没有文件夹为止
   If Left(f1, 1) <> "." Then     '为了防止重复查找
```

```
    If GetAttr(s1 & "\" & f1) And vbDirectory Then        '如果是文件夹则……
        n = n + 1
        f2(n) = s1 & f1            '原始文件夹路径
        s3 = f1                    '文件夹名称
        If InStr(s3, s2) = 0 Then
            MsgBox "错误！文件夹"" & s3 & ""名称不包含设定判别符，请
检查！"
        End If
        If Option1.Value = True Then
        '取文件夹名称中判别符左边的字符作为新文件夹名称
            n1 = InStr(s3, s2) – 1
            s4 = Left(s3, n1)      '新文件夹名称
        End If
        If Option2.Value = True Then
        '取文件夹名称中判别符右边的字符作为新文件夹名称
            n1 = InStr(s3, s2)
            s4 = Right(s3, Len(s3) – n1)      '新文件夹名称
        End If
        f3(n) = s1 & s4            '新文件夹路径
    End If
  End If
  f1 = Dir                        '查找下一个文件夹
  DoEvents                        '让出控制权
Loop
For i = 1 To n                    '使用递归方法，遍历所有目录
  Name f2(i) As f3(i)
Next
s5 = "完毕！共处理文件 " & n & " 个，请检查！"
MsgBox s5
End Sub
```

文件夹批量改名程序运行前后示意图如图8-2-2所示。

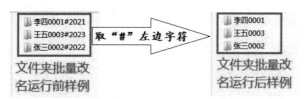

图8-2-2　文件夹批量改名程序运行前后示意图

　　示例中的Dir( )函数用于遍历所选路径下的文件夹和文件，同时使用了GetAttr( )函数和vbDirectory判断遍历出来的是不是文件夹。若是文件夹，则进一步判断有无判别符，进而做出下一步处理。注意文件夹路径框中填写的路径为需要批量改名文件夹的上一级文件夹路径，文件夹名称必须有判别符，否则程序报错不再运行；改名后的文件夹不能重名，否则程序运行到重名位置就会中断。

9 图面整理

9.1 散点精度检查

散点精度检查是测图中衡量成果质量的一项重要内容。完成外业检查测量后，传统的精度分析统计方法需要将测量点在内业进行下载、展点，打开图形后，在图形中找到对应点，将对应点的坐标与检查测量点一起写入表格，再利用表格的函数统计出检查精度。这种方法固然可靠，但是效率太低，不便于后期数据的分析统计。本节示例了一个用于散点精度检查统计的模板表格，在外业测量展点后，保存已展点的图形文件（DXF文件），用编写的VB 6.0程序直接读取DXF文件中的测量点和居民地层地物拐点坐标，分析离测量点最近的地物拐点，将其与对应测量点一同输入模板表格中的原始数据区域，通过模板表格已编写好的函数自动计算，显示出精度结果和一些中间过程值。设计的散点精度检查程序界面如图9-1-1所示。

图9-1-1 散点精度检查程序界面

散点精度检查统计表模板如图9-1-2所示。

散点检查精度统计表									
检查单位:					图形坐落:				
检查人员:					检查日期:				
平面中误差(m)			平面有效点数		平面粗差点数			平面限差(m)	0.20
高程中误差(m)			高程有效点数		高程粗差点数			高程限差(m)	
检查点编号	平面位置					高程			备　注
	检查点坐标(m)		图上坐标(m)		平面位置差值(m)	检查高程值(m)	图上高程值(m)	高程差值(m)	
	X坐标	Y坐标	X坐标	Y坐标					

散点检查精度统计计算副表														
计算单位:					计算人员:				计算日期:					
平面采集合格性				高程采集合格性					数据得分			数据质量等级		
平面总点数		平面有效点数			平面有效点占比			平面粗差点数				平面粗差点占比		
高程总点数		高程有效点数			高程有效点占比			高程粗差点数				高程粗差点占比		
注意：1、精度计算采用等精度公式。2、仅可在黄色单元格填写数据，其余颜色的单元格包含公式，请勿改动。						中误差	0.10							
						平面粗差阈值	高程粗差阈值							
平面	高程	平方1	平方2	粗差1	粗差2	0.20		$ds \le 1/3M_s$	$1/3M_s < ds \le 1/2M_s$	$1/2M_s < ds \le 3/4M_s$	$3/4M_s < ds \le M_s$	$M_s < ds \le 2M_s$	$2M_s < ds \le 3M_s$	$ds > 3M_s$

图9-1-2　散点精度检查统计表模板

打开DXF文件进行散点精度检查并判断实体起止位置的主要代码示例如下：

```
Private Sub Command1_Click()
'选择DXF图形文件进行散点精度检查统计
t1 = 0          '点数
t2 = 0          '多段线数
t3 = 0          '检查展点数
t4 = 0          'JMD层多段线数
t5 = 0          'JMD层多段线拐点数
nt = 0          '实体数
ks = 99999
s1 = "ENTITIES"       '实体记录开始行
s2 = "ENDSEC"         '实体记录结束行
n1 = Len(CommonDialog1.FileName) - 4
f1 = "D:\【不动产档案图面整理】\【散点精度检查表】.xls"
st = Left(CommonDialog1.FileName, n1)
f2 = st & "_散点精度检查表.xls"
FileCopy f1, f2
For i = 1 To n1
  If Mid(st, Len(st) - i + 1, 1) = "\" Then
    txzl = Right(st, i - 1)
    Exit For
  End If
Next
For i = 1 To 19999999
```

```
Line Input #1, a(i)
If a(i) = s1 Then
    ks = i                      '实体记录开始行
End If
If i > ks Then
    If a(i) = "   0" Then
        nt = nt + 1             '实体记录数
        qsbj(nt) = i            '每个实体起始行号
    End If
    If a(i) = s2 Then
        js = i                  '实体记录结束行
        n2 = nt − 1
        Exit For
    End If
End If
Next
```

　　这里涉及对AutoCAD图形交换文件（DXF文件）的读取和分析，这是一项重要的内容，对有志于利用程序解决图形问题的读者将有所启发。DXF文件是可以用记事本打开的，对其格式的理解是程序设计的第一步。

　　DXF文件大体来讲分为3段：表头段、实体段、结尾段。这里不详细阐述其区别，读者只要记住最重要的两个特殊标记字符串即可，也就是程序中用到的"ENTITIES"和"ENDSEC"两个字符串，这两个字符串在DXF文件中是唯一的，所有实体均记录在这两个字符串之间。有了这个认识，我们就可以进一步分析每个实体的记录格式，得到点实体和线拐点的位置坐标，并且将其图层名称等属性与之联系起来。

　　分析DXF文件并读取记录和输出实体数据的主要代码示例如下：

```
For j = 1 To n2
    jsbj(j) = qsbj(j + 1) − 1                   '每个实体结束行号
    If a(qsbj(j) + 1) = "POINT" Or a(qsbj(j) + 1) = "point" Then
    '——————————实体类型：点——————————
        t1 = t1 + 1             '点数
        dqsh(t1) = qsbj(j)
```

```
      dzzh(t1) = jsbj(j)
    End If
    If a(qsbj(j) + 1) = "LWPOLYLINE" Or a(qsbj(j) + 1) = "lwpolyline" Then
    '---------------实体类型：多段线----------------
      t2 = t2 + 1            '多段线数
      xqsh(t2) = qsbj(j)
      xzzh(t2) = jsbj(j)
    End If
  Next
  For i = 1 To t1
    bj1 = 0
    For j = dqsh(i) To dzzh(i) Step 2
      If a(j) = "  8" Then
        If a(j + 1) = "zdh" Or a(j + 1) = "ZDH" Then
          t3 = t3 + 1        '检查展点数
          bj1 = 1                    '标记展点实体
        End If
      End If
      If bj1 = 1 And a(j) = " 10" Then
        x1(t3) = a(j + 3)            '检查点X坐标
        y1(t3) = a(j + 1)            '检查点Y坐标
        Exit For
      End If
    Next
  Next
  For i = 1 To t2
    bj2 = 0
    For j = xqsh(i) To xzzh(i) Step 2
      If a(j) = "  8" Then
        If a(j + 1) = "jmd" Or a(j + 1) = "JMD" Then
          t4 = t4 + 1
          bj2 = 1                          '标记JMD层多段线
        End If
    End If
```

```vb
        End If
      If bj2 = 1 And a(j) = " 10" Then
        t5 = t5 + 1                    'JMD层多段线拐点数
        x2(t5) = a(j + 3)              'JMD层多段线拐点X坐标
        y2(t5) = a(j + 1)              'JMD层多段线拐点Y坐标
      End If
    Next
  Next
  For k = 1 To t3
    min(k) = 1
    tp = (x1(k) − x2(1)) ^ 2 + (y1(k) − y2(1)) ^ 2
    For v = 2 To t5
      r(k) = (x1(k) − x2(v)) ^ 2 + (y1(k) − y2(v)) ^ 2
      If r(k) < tp Then
        tp = r(k)
        min(k) = v
      End If
    Next
  Next
  Set xlapp = CreateObject("Excel.Application")
  Set xlbook = xlapp.Workbooks.Open(f2)
      xlapp.Visible = False
  Set xlsheet = xlbook.Worksheets("散点精度检查统计")
      xlsheet.Activate
  xlapp.ActiveSheet.Cells(3, 6) = txzl         '图形坐落
  For i = 1 To t3
    xlapp.ActiveSheet.Cells(i + 10, 2) = Format(x1(i), "0.000")
    xlapp.ActiveSheet.Cells(i + 10, 3) = Format(y1(i), "0.000")
    xlapp.ActiveSheet.Cells(i + 10, 4) = Format(x2(min(i)), "0.000")
    xlapp.ActiveSheet.Cells(i + 10, 5) = Format(y2(min(i)), "0.000")
  Next
  xlapp.ActiveWorkbook.Save
  xlapp.DisplayAlerts = False
```

```
xlapp.Workbooks.Close
xlapp.Quit
Set xlapp = Nothing
   s3 = "完毕！共识别实体点 " & t1 & " 个，多段线 " & t2 & " 条，其中ZDH
层检查" _
      & "点 " & t3 & " 个，JMD层多段线 " & t4 & " 条（拐点总数：" & t5 &
" 个" _
      & "，请检查同级目录下与选择的DXF文件同名的散点检查表.xls文件！"
MsgBox s3
End Sub
```

在运行程序前，应先将模板表格文件放在一个固定路径下，避免每次使用时重新选择路径，如本示例中的"D:\【不动产档案图面整理】"文件夹。注意要确保ZDH层只有检查点。为了适应项目的需要，可以对模板表格计算点的数量进行限制，如本示例中的499个点即为上限。使用时选择已经展点的图形DXF文件即可。南方CASS软件默认的展点层名称为"zdh"或"ZDH"，居民地层名称为"jmd"或"JMD"，图形DXF文件的名称可自行定义。在本示例中，程序将识别文件名用于填写图形坐落，运行结束会在DXF文件同级目录生成一个"图形DXF名称_散点精度检查统计表.xls"的精度统计文件。

运行程序后的散点精度检查统计表如图9-1-3所示。

图9-1-3　散点精度检查统计表运行后

运行程序后的散点精度检查统计表保存示例如图9-1-4所示。

在原文件名后加"_散点检查表"的表格文件就是运行结果

图9-1-4　散点检查表保存位置示意图

需要注意的是，散点精度检查统计计算副表中的粗差点占比如果超过5%，则采集合格性将显示"不合格"，此时，后续的数据得分和数据质量等级将无意义，这一设计是与规范的要求相一致的。

本节示例只将检查点与居民地层的地物拐点进行了比较，目的是提供一种解决精度统计的思路，在此基础上，读者可以将其扩展到其他地物图层，完善程序的功能识别，提高解决方案的完整性。同时，也可以直接读取检查点展点DAT文件，而不必打开图形展点再保存DXF图形文件，这样就可以在完全不用打开图形的情况下进行精度统计分析，更加提高了分析效率。

9.2　间距精度检查

除了散点精度检查，间距精度检查统计也是测图成果质量检查的一项重要内容。传统方法是外业利用纸图进行检查，将量取的间距手工标注在纸图上，内业再根据纸图上的标注，转录到电子表格中计算并统计精度，这个流程有效保存了第一手的原始检查资料，但是效率确实太低。为此，可以设计一套内外业联动的处理方法，即外业按照规定的格式在电子图件上标注检查间距值，内业用程序读取经标记的DXF图形文件，通过模板表格计算检核间距的精度，无需打印纸质图件即可进行间距精度的检查。设计的间距精度检查程序界面如图9-2-1所示。

图9-2-1　间距精度检查程序界面

在程序设计前，需要首先定制统计间距精度检查的模板表格并对外业标注进行约定。具体步骤为：

（1）设置模板表格。

先将间距精度检查统计模板表格放在固定位置的文件夹下，以便程序随时调用，如本示例中的"D:\【不动产档案图面整理】"，注意填好表头信息。

间距精度检查统计表表头样式如图9-2-2所示。

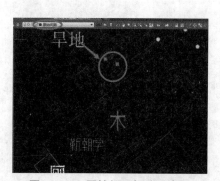

间距精度检查统计表

项目名称	××县自然资源和规划局农村"房地一体"确权登记发证采购项目					
测绘成果名称	红框内黄色单元格可先填好			项目地址		
生产部门		作业员		作业日期		
检查部门		检查者		检查日期		
间距中误差(m)		总间距数		数据得分		数据质量等级
间距限差(m)	0.07	粗差间距数		粗差率		是否合格
序号	间距名称	实量距离(m)	图上距离(m)	差值(m)	备注	巡视检查问题记录

图9-2-2 间距精度检查统计表表头样式

（2）预先标注原始间距。

将需要检查间距的图形文件打开，标注地物边长至毫米位，图层统一为"原始间距"。然后将标好的文件拷贝到外业电子平板或手机上。

原始间距标注如图9-2-3所示。

图9-2-3 原始间距标注示意图

（3）外业量距标注。

用常用的电子看图APP打开图形文件，实地量取间距并标注长度，图层统一命名为"检查间距"。可以设计程序为通过标注前缀判断间距类型，本示例规定外业量距标注间距类型及标注规则见表9-2-1。读者可以借鉴此思路扩展标注类型并设计相应代码完善此功能。

表9-2-1　外业量距标注间距类型及标注规则

序号	间距类型	标注规则	标注示例
1	房角–房角	无前缀字母	4.513
2	房角–围墙角	前缀字母FW	FW4.513
3	房角–楼梯角	前缀字母FL	FL4.513
4	房角–台阶角	前缀字母FT	FT4.513
5	围墙角–围墙角	前缀字母WW	WW4.513
6	围墙角–楼梯角	前缀字母WL	WL4.513
7	围墙角–台阶角	前缀字母WT	WT4.513
8	楼梯角–楼梯角	前缀字母LL	LL4.513
9	楼梯角–台阶角	前缀字母LT	LT4.513
10	台阶角–台阶角	前缀字母TT	TT4.513

检查间距标注如图9-2-4所示。

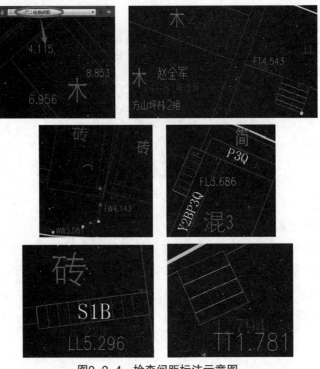

图9-2-4　检查间距标注示意图

如果外业量取的间距并没有预先标注原始间距，需要外业结束后进行补充标注。

打开DXF文件并分析提取保存文件名的主要代码示例如下：

```
Private Sub Command1_Click( )
'选择不动产DXF文件进行间距精度检查
t1 = 0              '多行文字数
t2 = 0              '文字注记数
t3 = 0              '检查间距数
t4 = 0              '原始间距数
nt = 0              '实体数
ks = 99999
s1 = "ENTITIES"        '实体记录开始行
s2 = "ENDSEC"              '实体记录结束行
n1 = Len(CommonDialog1.FileName) – 4
f1 = "D:\【不动产档案图面整理】\【间距检查表】.xls"
st = Left(CommonDialog1.FileName, n1)
f2 = st & "_间距检查表.xls"
FileCopy f1, f2
```

这里使用了FileCopy语句进行模板文件的复制并改名存档，保证了在不影响模板文件的情况下完成程序的相关功能。

读取DXF文件中文字类实体的主要代码示例如下：

```
For i = 1 To n1
  If Mid(st, Len(st) – i + 1, 1) = "\" Then
    txzl = Right(st, i – 1)
    Exit For
  End If
Next
For i = 1 To 19999999
  Line Input #1, a(i)
  If a(i) = s1 Then
    ks = i              '实体记录开始行
```

```
    End If
    If i > ks Then
        If a(i) = "    0" Then
            nt = nt + 1                        '实体记录数
            qsbj(nt) = i                       '每个实体起始行号
        End If
        If a(i) = s2 Then
            js = i                             '实体记录结束行
            n2 = nt − 1
            Exit For
        End If
    End If
Next
For j = 1 To n2
    jsbj(j) = qsbj(j + 1) − 1                          '每个实体结束行号
    If a(qsbj(j) + 1) = "MTEXT" Or a(qsbj(j) + 1) = "mtext" Then
    '---------------实体类型：多行文字---------------
        t1 = t1 + 1                        '多行文字数
        dqsh(t1) = qsbj(j)
        dzzh(t1) = jsbj(j)
    End If
    If a(qsbj(j) + 1) = "TEXT" Or a(qsbj(j) + 1) = "text" Or a(qsbj(j) + 1) = "MTEXT"
Or a(qsbj(j) + 1) = "mtext" Then
    '---------------实体类型：文字注记及多行文字总数----------------
        t2 = t2 + 1                        '文字注记及多行文字总数
        yqsh(t2) = qsbj(j)
        yzzh(t2) = jsbj(j)
    End If
Next
```

这里采用多行文字MTEXT的原因是示例使用的电子看图APP记录外业标注时使用多行文字进行记录，如果实际使用的软件不是采用此格式记录的标注间距文字，应做相应调整。

分析提取并输出间距值到模板的主要代码示例如下：

```
For i = 1 To t1
  bj1 = 0
  For j = dqsh(i) To dzzh(i) Step 2
    If a(j) = "   8" Then
      If a(j + 1) = "检查间距" Then
        t3 = t3 + 1                    '检查间距数
        bj1 = 1                        '标记检查间距实体
      End If
    End If
    If bj1 = 1 And a(j) = "  10" Then
      x1(t3) = a(j + 3)          '检查间距X坐标
      y1(t3) = a(j + 1)          '检查间距Y坐标
    End If
    If bj1 = 1 And a(j) = "    1" Then
      sr = Left(a(j + 1), 2)
      If sr = "FW" Or sr = "fw" Then
        mc(t3) = "房角–围墙角"
        zj1(t3) = Val(Right(a(j + 1), Len(a(j + 1)) – 2))    '检查间距值
        Exit For
      End If
      If sr = "FL" Or sr = "fl" Then
        mc(t3) = "房角–楼梯角"
        zj1(t3) = Val(Right(a(j + 1), Len(a(j + 1)) – 2))    '检查间距值
        Exit For
      End If
      If sr = "FT" Or sr = "ft" Then
        mc(t3) = "房角–台阶角"
        zj1(t3) = Val(Right(a(j + 1), Len(a(j + 1)) – 2))    '检查间距值
        Exit For
      End If
      If sr = "WW" Or sr = "ww" Then
```

```
        mc(t3) = "围墙角–围墙角"
        zj1(t3) = Val(Right(a(j + 1), Len(a(j + 1)) – 2))      '检查间距值
        Exit For
    End If
    If sr = "WL" Or sr = "wl" Then
        mc(t3) = "围墙角–楼梯角"
        zj1(t3) = Val(Right(a(j + 1), Len(a(j + 1)) – 2))      '检查间距值
        Exit For
    End If
    If sr = "WT" Or sr = "wt" Then
        mc(t3) = "围墙角–台阶角"
        zj1(t3) = Val(Right(a(j + 1), Len(a(j + 1)) – 2))      '检查间距值
        Exit For
    End If
    If sr = "LL" Or sr = "ll" Then
        mc(t3) = "楼梯角–楼梯角"
        zj1(t3) = Val(Right(a(j + 1), Len(a(j + 1)) – 2))      '检查间距值
        Exit For
    End If
    If sr = "LT" Or sr = "lt" Then
        mc(t3) = "楼梯角–台阶角"
        zj1(t3) = Val(Right(a(j + 1), Len(a(j + 1)) – 2))      '检查间距值
        Exit For
    End If
    If sr = "TT" Or sr = "tt" Then
        mc(t3) = "台阶角–台阶角"
        zj1(t3) = Val(Right(a(j + 1), Len(a(j + 1)) – 2))      '检查间距值
        Exit For
    End If
    If Left(a(j + 1), 1) = "0" Or Val(Left(a(j + 1), 1)) > 0 Then
        mc(t3) = "房角–房角"
        zj1(t3) = Val(a(j + 1))                    '检查间距值
        Exit For
```

```
            End If
        End If
    Next
Next
For i = 1 To t2
    bj2 = 0
    For j = yqsh(i) To yzzh(i) Step 2
        If a(j) = "   8" Then
            If a(j + 1) = "原始间距" Then
                t4 = t4 + 1              '原始间距数
                bj2 = 1                 '标记原始间距实体
            End If
        End If
        If bj2 = 1 And a(j) = " 10" Then
            x2(t4) = a(j + 3)           '原始间距X坐标
            y2(t4) = a(j + 1)           '原始间距Y坐标
        End If
        If bj2 = 1 And a(j) = "   1" Then
            zj2(t4) = Val(a(j + 1))     '原始间距值
            Exit For
        End If
    Next
Next
For k = 1 To t3
    min(k) = 1
    tp = (x1(k) − x2(1)) ^ 2 + (y1(k) − y2(1)) ^ 2
    For v = 2 To t4
        r(k) = (x1(k) − x2(v)) ^ 2 + (y1(k) − y2(v)) ^ 2
        If r(k) < tp Then
            tp = r(k)
            min(k) = v
        End If
    Next
```

```
Next
Set xlapp = CreateObject("Excel.Application")
Set xlbook = xlapp.Workbooks.Open(f2)
    xlapp.Visible = False
Set xlsheet = xlbook.Worksheets("间距精度检查统计")
    xlsheet.Activate
xlapp.ActiveSheet.Cells(3, 8) = txzl          '图形坐落
For i = 1 To t3
    xlapp.ActiveSheet.Cells(i + 8, 2) = mc(i)                    '间距名称
    xlapp.ActiveSheet.Cells(i + 8, 4) = zj1(i)                   '检查间距
    xlapp.ActiveSheet.Cells(i + 8, 5) = zj2(min(i))             '原始间距
Next
xlapp.ActiveWorkbook.Save
xlapp.DisplayAlerts = False
xlapp.Workbooks.Close
xlapp.Quit
Set xlapp = Nothing
    s3 = "完毕! 共识别多行文字 " & t1 & " 个, 其中检查间距 " & t3 & " 个,
原始间距" _
        & t4 & " 个, 请检查同级目录下与选择的DXF同名的间距检查表.xls
文件! "
MsgBox s3
End Sub
```

将标注了原始间距和检查间距的图形保存为DXF文件, 点击选择DXF文件运行程序后, 会在选择的DXF文件同级目录下生成一个DXF文件名加 "_间距精度检查统计表" 名称的xls文件, 该文件即为间距精度检查统计表文件。需要注意的是, 标注的距离值不得出现逗号等非法字符, 否则表格结果有误。

程序运行前后间距精度检查统计表分别如图9-2-5和图9-2-6所示。

图9-2-5　间距精度检查统计表运行前

图9-2-6　间距精度检查统计表运行后

9.3　高程点匹配检查

工程测量中，地形图测绘经常会评估测量点的高程精度，通过分析可知，只要有原高程点数据文件和检查高程点的数据文件，比对数据就能够得出检查点的高程精度，甚至不需要打开图形文件。我们应提前设计高程点匹配检查表用于统计高程点精度，在进行程序设计时，可以通过检查点DAT数据文件分析查找原始测点DAT数据文件中距离对应点最近的点，输入高程点匹配检查表中的计算精度。设计的高程点匹配检查程序界面如图9-3-1所示。

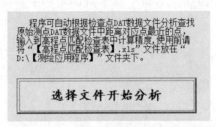

程序可自动根据检查点DAT数据文件分析查找原始测点DAT数据文件中距离对应点最近的点，输入到高程点匹配检查表中计算精度，使用前请将"【高程点匹配检查表】.xls"文件放在"D:\【测绘应用程序】"文件夹下。

选择文件开始分析

图9-3-1　高程点匹配检查程序界面

高程点匹配检查的主要代码示例如下：

```
Private Sub Command1_Click( )
'选择展点DAT文件进行高程点匹配检查
n1 = 0
n2 = 0
For i = 1 To 99999
    If EOF(1) = True Then
        Exit For
    End If
    Input #1, dh1(i), bm1(i), y1(i), x1(i), h1(i)          '读取检查点坐标
    n1 = n1 + 1
Next
For j = 1 To 99999
    If EOF(2) = True Then
        Exit For
    End If
    Input #2, dh2(j), bm2(j), y2(j), x2(j), h2(j)          '读取原始测点坐标
    n2 = n2 + 1
Next
For k = 1 To n1
    min(k) = 9999#
    n3(k) = 1
    For v = 1 To n2
        ds(k) = (x1(k) − x2(v)) ^ 2 + (y1(k) − y2(v)) ^ 2
        If ds(k) < min(k) Then
            min(k) = ds(k)
            n3(k) = v
        End If
    Next
Next
Set xlapp = CreateObject("Excel.Application")
Set xlbook = xlapp.Workbooks.Open("D:\【测绘应用程序】\【高程点匹配检查
```

```
表】.xls")
    xlapp.Visible = False
Set xlsheet = xlbook.Worksheets("高程点匹配检查表")
    xlsheet.Activate
For i = 1 To n1
  xlapp.ActiveSheet.Cells(i + 6, 1) = dh2(n3(i))
  xlapp.ActiveSheet.Cells(i + 6, 2) = x1(i)
  xlapp.ActiveSheet.Cells(i + 6, 3) = y1(i)
  xlapp.ActiveSheet.Cells(i + 6, 4) = x2(n3(i))
  xlapp.ActiveSheet.Cells(i + 6, 5) = y2(n3(i))
  xlapp.ActiveSheet.Cells(i + 6, 7) = h1(i)
  xlapp.ActiveSheet.Cells(i + 6, 8) = h2(n3(i))
Next
xlapp.ActiveWorkbook.Save
xlapp.DisplayAlerts = False
xlapp.Workbooks.Close
xlapp.Quit
Set xlapp = Nothing
  s1 = "完毕！共匹配高程点 " & n1 & " 个，请检查同级目录下的【高程点
匹配检查表】.xls！ "
MsgBox s1
End Sub
```

程序运行前后高程点匹配检查表分别如图9-3-2和图9-3-3所示。

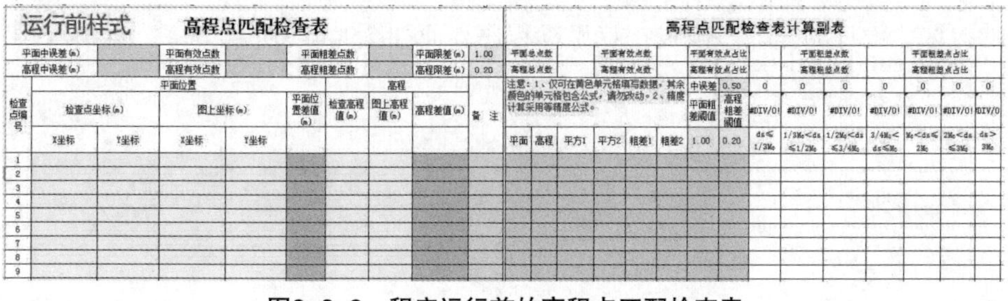

运行前样式　高程点匹配检查表

平面中误差(m)		平面有效点数		平面粗差点数		平面限差(m)	1.00		
高程中误差(m)		高程有效点数		高程粗差点数		高程限差(m)	0.20		
检查点编号	平面位置					高程			备注
	检查点坐标(m)		图上坐标(m)		平面位置差值(m)	检查高程值(m)	图上高程值(m)	高程差值(m)	
	X坐标	Y坐标	X坐标	Y坐标					
1									
2									
3									
4									
5									
6									
7									
8									
9									

高程点匹配检查表计算副表

平面总点数			平面有效点数			平面有效点占比			平面粗差点数			平面粗差点占比		
高程总点数			高程有效点数			高程有效点占比			高程粗差点数			高程粗差点占比		
注意：1、仅可在黄色单元格填写数据，其余颜色的单元格包含公式，请勿改动。2、精度计算采用等精度公式。						中误差	0.50	0	0	0	0	0	0	0
						平面粗差阈值	高程粗差阈值	#DIV/0!	#DIV/0!	#DIV/0!	#DIV/0!	#DIV/0!	#DIV/0!	DIV/0
平面	高程	平方1	平方2	粗差1	粗差2	1.00	0.20	ds≤1/3M₀	1/3M₀<ds≤1/2M₀	1/2M₀<ds≤3/4M₀	3/4M₀<ds≤M₀	M₀<ds≤2M₀	2M₀<ds≤3M₀	ds>3M₀

图9-3-2　程序运行前的高程点匹配检查表

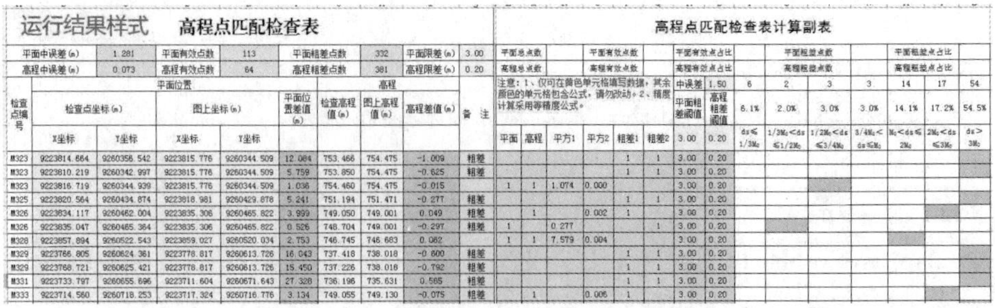

运行结果样式　高程点匹配检查表

平面中误差(m)		1.281	平面有效点数		113	平面粗差点数	332	平面限差(m)	3.00
高程中误差(m)		0.073	高程有效点数		64	高程粗差点数	381	高程限差(m)	0.20
检查点编号	平面位置					高程			备注
	检查点坐标(m)		图上坐标(m)		平面位置差值(m)	检查高程值(m)	图上高程值(m)	高程差值(m)	
	X坐标	Y坐标	X坐标	Y坐标					
M323	9223814.664	9260356.542	9223815.776	9260344.509	12.084	753.466	754.475	-1.009	粗差
M323	9223810.219	9260342.997	9223815.776	9260344.509	5.759	753.850	754.475	-0.625	粗差
M323	9223816.719	9260344.939	9223815.776	9260344.509	1.036	754.460	754.475	-0.015	
M325	9223820.564	9260434.874	9223818.981	9260429.878	5.241	751.194	751.471	-0.277	粗差
M326	9223834.117	9260462.004	9223835.306	9260465.822	3.999	749.050	749.001	0.049	粗差
M326	9223835.047	9260465.364	9223835.306	9260465.822	0.526	748.704	749.001	-0.297	粗差
M328	9223857.894	9260522.543	9223859.027	9260520.034	2.753	746.745	746.683	0.062	
M329	9223766.805	9260624.361	9223778.817	9260613.726	16.043	737.418	738.018	-0.600	粗差
M329	9223768.721	9260625.421	9223778.817	9260613.726	15.450	737.226	738.018	-0.792	粗差
M331	9223733.797	9260655.696	9223711.604	9260671.643	27.328	736.196	735.631	0.565	粗差
M333	9223714.560	9260718.253	9223717.324	9260716.776	3.134	749.055	749.130	-0.075	粗差

高程点匹配检查表计算副表

平面总点数			平面有效点数			平面有效点占比			平面粗差点数			平面粗差点占比		
高程总点数			高程有效点数			高程有效点占比			高程粗差点数			高程粗差点占比		
注意：1、仅可在黄色单元格填写数据，其余颜色的单元格包含公式，请勿改动。2、精度计算采用等精度公式。						中误差	1.50	6	2	3	3	14	17	54
						平面粗差阈值	高程粗差阈值	6.1%	2.0%	3.0%	3.0%	14.1%	17.2%	54.5%
平面	高程	平方1	平方2	粗差1	粗差2	3.00	0.20	ds≤1/3M₀	1/3M₀<ds≤1/2M₀	1/2M₀<ds≤3/4M₀	3/4M₀<ds≤M₀	M₀<ds≤2M₀	2M₀<ds≤3M₀	ds>3M₀
				1	1	3.00	0.20							
				1	1	3.00	0.20							
1	1	1.074	0.000			3.00	0.20							
				1	1	3.00	0.20							
	1		0.002	1		3.00	0.20							
1		0.277			1	3.00	0.20							
1	1	7.579	0.004			3.00	0.20							
				1	1	3.00	0.20							
				1	1	3.00	0.20							
				1	1	3.00	0.20							
	1		0.006	1		3.00	0.20							

图9-3-3　程序运行后的高程点匹配检查表

本节示例提供了解决高程点精度统计的方法，但是并不算完善。如果原始图形或原始测量数据中高程点较多但检查点很少，程序在运行时就会有很多无效数据比对，为了减少这种无效数据，可以采用类似边界盒子的方法先对高程点进行分析，获得其外围边界矩形，即最大和最小坐标值，再利用其矩形范围对原始测量数据进行筛选，把这个范围以外的点全部过滤掉，这样需要比对的数据量就大大减少了，程序运行效率也就明显提升了。在本示例基础上，读者可以思考如何用程序去实现类似的改进。

9.4　提取多段线拐点坐标

AutoCAD图形交换DXF文件中含有很多的信息，当需要将多段线拐点坐标提取出来的时候，会AutoCAD二次开发的人员可以编写LISP程序直接实现，而不会AutoCAD二次开发的人员，则可以采用VB 6.0编程去实现。这样做有一个优点：不需要知道AutoCAD下的任何命令或函数，直接通过读取DXF文件就能获取多段线拐点坐标。本节将介绍如何利用VB 6.0编程实现对多段线拐点坐标的提取。设计的提取多段线拐点坐标程序界面如图9-4-1所示。

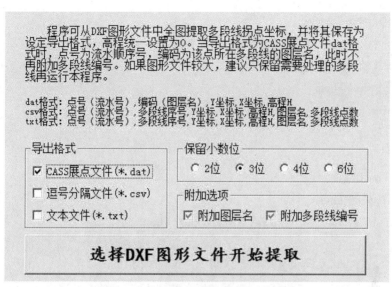

图9-4-1 提取多段线拐点坐标程序界面

提取多段线拐点坐标的主要代码示例如下：

```
Private Sub Command1_Click( )
n = 0
t = 0
n1 = 0
m1 = 0
m2 = 0
m3 = 0
s1 = ", "
s2 = "AcDbPolyline"
s3 = "ENTITIES"
s4 = "OBJECTS"
For i = 1 To 19999999
   If EOF(1) = True Then
      Exit For
   End If
   Line Input #1, sr(i)
   n = n + 1
```

```
  If sr(i) = s3 Then
    ns = i                    '实体记录开始行
  End If
  If sr(i) = s4 Then
    nw = i                    '实体记录结束行
  End If
Next
For i = ns To nw
  If sr(i) = s2 Then
    If sr(i + 7) = " 10" And sr(i + 8) <> "0.0" Then
      t = t + 1                    '多段线的条数/顺序编号
      ds(t) = Val(sr(i + 2))       '每条多段线的拐点数
      n1 = n1 + ds(t)             '累计拐点数
      If t = 1 Then
        qsh(t) = 1
        zzh(t) = ds(t)
      End If
      If t > 1 Then
        qsh(t) = zzh(t - 1) + 1         '起始行
        zzh(t) = qsh(t) + ds(t) - 1     '终止行
      End If
      If sr(i - 5) = "   8" Then
        tcm(t) = sr(i - 4)
      End If
      For j = 1 To ds(t)
        Y(t, j) = Val(sr(i + 4 + j * 4))
        X(t, j) = Val(sr(i + 6 + j * 4))
      Next
    End If
  End If
Next
```

为了便于识别多段线原来的图层名称，本示例将多段线图层名提取出来，且生成DAT文件时将图层名赋予编码列，程序主要代码示例如下：

```
If Check1.Value = 1 Then
'导出为CASS展点文件dat格式
  For i = 1 To t
    For j = 1 To ds(i)
    m1 = m1 + 1              '坐标拐点流水号
    If Option1.Value = True Then
        s5 = m1 & s1 & tcm(i) & s1 & Format(Y(i, j), "0.00") & s1 & Format(X(i,
j), "0.00") & s1 & 0#
    End If
    If Option2.Value = True Then
        s5 = m1 & s1 & tcm(i) & s1 & Format(Y(i, j), "0.000") & s1 & Format(X(i,
j), "0.000") & s1 & 0#
    End If
    If Option3.Value = True Then
        s5 = m1 & s1 & tcm(i) & s1 & Format(Y(i, j), "0.0000") & s1 &
Format(X(i, j), "0.0000") & s1 & 0#
    End If
    If Option4.Value = True Then
        s5 = m1 & s1 & tcm(i) & s1 & Format(Y(i, j), "0.000000") & s1 &
Format(X(i, j), "0.000000") & s1 & 0#
    End If
    Print #2, s5
  Next
Next
s11 = "完毕！共提取多段线 " & t & " 条到dat文件，累计拐点坐标 " & m1
& " 个，请检查提取文件！"
MsgBox s11
End If
```

由于每个人的使用习惯不同，这里仅给出了生成CSV格式的示例代码，这样做的优点是在程序设计时无需调用Office组件就能实现输出，代码更加简洁。如果觉得打开不便，可以将生成的CSV后缀文件直接改为xls后缀，就能用电子表格打开，程序代码示例如下：

```
If Check2.Value = 1 Then
'导出为逗号分隔文件csv格式
  For i = 1 To t
    For j = 1 To ds(i)
      m2 = m2 + 1
      If Option1.Value = True Then
        s6 = m2 & s1 & i & s1 & Format(Y(i, j), "0.00") & s1 & Format(X(i, j),
"0.00") & s1 & 0# & s1 & tcm(i) & s1 & ds(i)
      End If
      If Option2.Value = True Then
        s6 = m2 & s1 & i & s1 & Format(Y(i, j), "0.000") & s1 & Format(X(i, j),
"0.000") & s1 & 0# & s1 & tcm(i) & s1 & ds(i)
      End If
      If Option3.Value = True Then
        s6 = m2 & s1 & i & s1 & Format(Y(i, j), "0.0000") & s1 & Format(X(i, j),
"0.0000") & s1 & 0# & s1 & tcm(i) & s1 & ds(i)
      End If
      If Option4.Value = True Then
        s6 = m2 & s1 & i & s1 & Format(Y(i, j), "0.000000") & s1 & Format(X(i,
j), "0.000000") & s1 & 0# & s1 & tcm(i) & s1 & ds(i)
      End If
      Print #3, s6
    Next
  Next
  s12 = "完毕！共提取多段线 " & t & " 条到csv文件，累计拐点坐标 " & m2
& " 个，请检查提取文件！"
  MsgBox s12
End If
If Check3.Value = 1 Then
'导出为文本文件txt格式
```

```
CommonDialog4.Filter = "文本文件(*.txt)|*.txt|所有文件(*.*)|*.*"
CommonDialog4.ShowSave
Open CommonDialog4.FileName For Output As #4
For i = 1 To t
  For j = 1 To ds(i)
    m3 = m3 + 1
    If Option1.Value = True Then
      s7 = m3 & s1 & i & s1 & Format(Y(i, j), "0.00") & s1 & Format(X(i, j),
"0.00") & s1 & 0# & s1 & tcm(i) & s1 & ds(i)
    End If
    If Option2.Value = True Then
      s7 = m3 & s1 & i & s1 & Format(Y(i, j), "0.000") & s1 & Format(X(i, j),
"0.000") & s1 & 0# & s1 & tcm(i) & s1 & ds(i)
    End If
    If Option3.Value = True Then
      s7 = m3 & s1 & i & s1 & Format(Y(i, j), "0.0000") & s1 & Format(X(i, j),
"0.0000") & s1 & 0# & s1 & tcm(i) & s1 & ds(i)
    End If
    If Option4.Value = True Then
      s7 = m3 & s1 & i & s1 & Format(Y(i, j), "0.000000") & s1 & Format(X(i,
j), "0.000000") & s1 & 0# & s1 & tcm(i) & s1 & ds(i)
    End If
    Print #4, s7
  Next
Next
s13 = "完毕！共提取多段线 " & t & " 条到txt文件，累计拐点坐标 " & m3
& " 个，请检查提取文件！"
MsgBox s13
End If
End Sub
```

10　档案整理

10.1　台账信息核实匹配

不动产确权中台账信息的录入是通过人工完成的，在录入信息的过程中，难免出现各种错误。为了避免出现人为错误，需要对台账信息表进行初步核实，以尽量保证数据的正确性。为了提高核实效率，本节示例介绍了如何使用VB 6.0程序设计编写检查代码，以自动对台账中录入的数据进行核实匹配，分析并标注错误数据项。设计的台账信息核实匹配程序界面如图10-1-1所示。

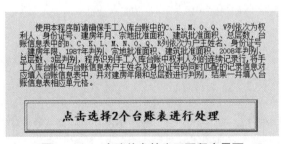

使用本程序前请确保手工入库台账中的C、E、M、O、Q、V列依次为权利人、身份证号、建房年月、宗地批准面积、建筑批准面积、总层数，台账信息表中的C、K、L、M、N、O、Q、R列依次为户主姓名、身份证号、建房年限、1987年判别、宗地批准面积、建筑批准面积、2008年判别、总层数、3层判别，程序识别手工入库台账中权利人列的连续记录行，将手工入库台账中与台账信息表户主姓名及身份证号码同时匹配的记录信息对应填入台账信息表中，并对建房年限和总层数进行判别，结果一并填入台账信息表相应单元格。

点击选择2个台账表进行处理

图10-1-1　台账信息核实匹配程序界面

台账信息表表头样式如图10-1-2所示。

序号	权利人信息			共用宗情况		打证		宗地批准面积【入库人员填写】	建房年限			建筑批准面积		房屋层数			调查情况		备注		入库备注
序号【外业填写】	户主姓名【外业填写】	户主身份证号码【外业填写】	确权人姓名【内业填写】	确权身份证号码【内业填写】	是否为共用宗【入库人员填写】	共用宗共有权利人名【内业填写】	是否打证【入库人员填写】	证书编号【入库人员填写】	宗地批准面积【入库人员填写】	建房年限【批准】	是否为1987年前建房【系统识别】	宗地批准面积	建筑批准面积	是否为2008年前建房【系统识别】	最否集体证【外业填写】	总层数	3层以上房屋是否开具安全鉴定报告【外业填写、入库人员检查】	可办证情况类型【外业填写、入库人员检查】	是否开具证明文件【外业填写、入库人员检查】	暂缓办理情况类型【外业填写、入库人员检查】	外业备注	内业备注	入库备注

图10-1-2　台账信息表表头样式

手工入库台账表表头样式如图10-1-3所示。

A	B	C	D	E	F	G	H	I	J	K	L	M	N	O	P	Q	R	S	T	U	V	X
手工入库台账																						
序号	村民组	权利人	关系	身份证件号	通讯地址	妻姓名	妻身份证号	宗地北	宗地东	宗地南	宗地西	建房年月	户籍人口数	宗地批准面积	宗地面积	建筑批准面积	建筑总面积	建筑占地面积	地上层数	地下层数	总层数	结构	备注

图10-1-3　手工入库台账表表头样式

分析和读取台账中数据的主要代码示例如下：

```
Private Sub Command1_Click( )
f1 = CommonDialog1.FileName
Set xlapp = CreateObject("Excel.Application")
Set xlbook = xlapp.Workbooks.Open(f1)
    xlapp.Visible = False
Set xlsheet = xlbook.Worksheets("Sheet1")
    xlsheet.Activate
n1 = 0              '手工入库台账表记录行数
n2 = 0              '台账信息表记录行数
n3 = 0              '建房年限错误记录个数
n4 = 0              '总层数疑似错误记录个数
For i = 3 To 999
  If xlapp.ActiveSheet.Cells(i, 3) <> "" Then    '权利人行须连续
    n1 = n1 + 1
    qlr1(n1) = xlapp.ActiveSheet.Cells(i, 3)       '权利人
    sfz1(n1) = xlapp.ActiveSheet.Cells(i, 5)       '身份证号码
    jfny(n1) = xlapp.ActiveSheet.Cells(i, 13)      '建房年月
    zdpzmj(n1) = xlapp.ActiveSheet.Cells(i, 15)    '宗地批准面积
    jzpzmj(n1) = xlapp.ActiveSheet.Cells(i, 17)    '建筑批准面积
    zcs(n1) = xlapp.ActiveSheet.Cells(i, 22)       '总层数
    If jfny(n1) = "" Then
       sb1(n1) = ""
       sb2(n1) = ""
    End If
    nf(n1) = Val(Left(jfny(n1), 4))
    If jfny(n1) <> "" Then
```

```
      If nf(n1) < 1900 Or nf(n1) > 2021 Then
          xlapp.ActiveSheet.Cells(n1 + 2, 13).Interior.ColorIndex = 3
          n3 = n3 + 1
      End If
      If nf(n1) >= 1900 And nf(n1) <= 2021 Then
          If nf(n1) < 1987 Then
              sb1(n1) = "是"
              Else: sb1(n1) = "否"
          End If
          If nf(n1) < 2008 Then
              sb2(n1) = "是"
              Else: sb2(n1) = "否"
          End If
      End If
   End If
   If zcs(n1) = "" Then
      sb3(n1) = ""
   End If
   If zcs(n1) <> "" Then
      If Abs(zcs(n1)) > 9 Then
          xlapp.ActiveSheet.Cells(n1 + 2, 22).Interior.ColorIndex = 3
          n4 = n4 + 1
      End If
      If Abs(zcs(n1)) <= 9 Then
          If Abs(zcs(n1)) > 3 Then
              sb3(n1) = "是"
              Else: sb3(n1) = "否"
          End If
      End If
   End If
End If
If xlapp.ActiveSheet.Cells(i, 3) = "" Then
   Exit For
```

```
        End If
Next
If n3 > 0 Then
    MsgBox "存在建房年限错误记录！请检查建房年月列红色填充单元格！"
End If
If n4 > 0 Then
    MsgBox "警告！存在总层数超过9层记录，请核实总层数列红色填充单
元格！"
End If
xlapp.ActiveWorkbook.Save
xlapp.DisplayAlerts = False
xlapp.Workbooks.Close
xlapp.Quit
Set xlapp = Nothing
```

上述示例对明显不合理的建房时间和超出正常民房层数的数据做出了单元格填充为红色的处理，使用到了Cells(i, j).Interior.ColorIndex语句，该语句用于对单元格进行颜色填充，等号后面的3就是颜色的数字代号，3表示红色。这样以填充单元格的方式对错误数据进行标记是非常直观的，省去了对话框提示及查找对应单元格位置的麻烦。

统计记录数据并给出提示的主要代码示例如下：

```
f2 = CommonDialog2.FileName
Set xlapp = CreateObject("Excel.Application")
Set xlbook = xlapp.Workbooks.Open(f2)
    xlapp.Visible = False
Set xlsheet = xlbook.Worksheets("Sheet1")
    xlsheet.Activate
For j = 3 To 999
    If xlapp.ActiveSheet.Cells(j, 2) <> "" Then        '权利人行须连续
    n2 = n2 + 1
    qlr2(n2) = xlapp.ActiveSheet.Cells(j, 2)
    sfz2(n2) = xlapp.ActiveSheet.Cells(j, 3)
```

```
    End If
    If xlapp.ActiveSheet.Cells(j, 2) = "" Then
       Exit For
    End If
  Next
 For i = 1 To n2
   For j = 1 To n1
     If qlr2(i) = qlr1(j) And sfz2(i) = sfz1(j) Then
        xlapp.ActiveSheet.Cells(i + 2, 11) = jfny(j)
        xlapp.ActiveSheet.Cells(i + 2, 12) = sb1(j)
        xlapp.ActiveSheet.Cells(i + 2, 13) = zdpzmj(j)
        xlapp.ActiveSheet.Cells(i + 2, 14) = jzpzmj(j)
        xlapp.ActiveSheet.Cells(i + 2, 15) = sb2(j)
        xlapp.ActiveSheet.Cells(i + 2, 17) = zcs(j)
        xlapp.ActiveSheet.Cells(i + 2, 18) = sb3(j)
     End If
   Next
 Next
 xlapp.ActiveWorkbook.Save
 xlapp.DisplayAlerts = False
 xlapp.Workbooks.Close
 xlapp.Quit
 Set xlapp = Nothing
 s1 = "处理完毕！共识别手工入库台账记录 " & n1 & " 条, 台账信息表记录 "
 & n2 & " 条, 请检查！ "
 MsgBox s1
 End Sub
```

　　本节示例对两个表格的数据进行了读取和联系分析，采用了填充单元格颜色的方式进行提示，这是一种思路。在程序设计中，对于表格类文件的处理也可以考虑其他的提示方式，如改变单元格文字颜色等，只要能达到提示的目的又不影响原数据，采用任何方式都是可以的。

10.2　根据图面注记修改档案文件夹名

在进行地籍档案整理的过程中，前期为了提高效率，对分村、组的档案文件夹以流水号进行命名，相应的村组地籍图上也对应标记了照片流水号，但是最终需要提交的档案要求按宗地号+权利人名称进行命名。分析已有资料可以发现，地籍图上的照片流水号是单独的图层，与档案文件夹名称对应；地籍图上的宗地权属线信息较为完整，有准确的宗地号、权利人名称等信息。有这些数据作为基础，可以考虑通过VB 6.0编程实现根据图面宗地内照片流水编号注记文字与档案文件夹编号的对应关系，将照片档案文件夹命名为：宗地号+权利人名称。设计的根据图面注记修改档案文件夹名程序界面如图10-2-1所示。

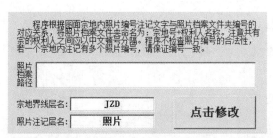

图10-2-1　根据图面注记修改档案文件夹名程序界面

本示例涉及对DXF文件的解析和数据读取，以获得流水号和宗地权属中的权利人名称、宗地号等信息。

打开DXF文件获取多段线、文字实体信息的主要代码示例如下：

```
Private Sub Command1_Click( )        '根据图面注记修改档案文件夹名
t1 = 0        '多段线数
t2 = 0        '文字注记数
t3 = 0        '界址线数
t4 = 0        '照片注记数
nt = 0        '实体数
n = 0        'DXF文件行数
n2 = 0        '查找到的最小外包矩形数
n3 = 0        '共有宗地数
n4 = 0        '文件夹数
```

```vb
n5 = 0              '修改文件夹数
n6 = 0              '共有宗分离权利人总数
s1 = "ENTITIES"      '实体记录开始行
s2 = "OBJECTS"       '实体记录结束行
s3 = Text1.Text & "\"   '照片档案路径
s4 = Text2.Text      '宗地界线层名
s5 = Text3.Text      '照片注记层名
For i = 1 To 19999999
  If EOF(1) = True Then
    Exit For
  End If
  Line Input #1, a(i)
  n = n + 1
  If a(i) = s1 Then
    ks = i              '实体记录开始行
  End If
  If a(i) = s2 Then
    js = i              '实体记录结束行
  End If
Next
For i = ks To js
  If a(i) = "   0" Then
    nt = nt + 1          '实体记录数
    qsbj(nt) = i         '每个实体起始行号
  End If
  If a(i) = s2 Then
    n1 = nt - 1
  End If
Next
For i = 1 To n1
  jsbj(i) = qsbj(i + 1) - 1        '每个实体结束行号
Next
jsbj(nt) = js - 6
```

```
For j = 1 To nt
    If a(qsbj(j) + 1) = "LWPOLYLINE" Or a(qsbj(j) + 1) = "lwpolyline" Then
    '--------------实体类型：多段线--------------
        t1 = t1 + 1                '多段线数
        jxqsh(t1) = qsbj(j)
        jxzzh(t1) = jsbj(j)
    End If
    If a(qsbj(j) + 1) = "TEXT" Or a(qsbj(j) + 1) = "text" Then
    '--------------实体类型：文字注记--------------
        t2 = t2 + 1                '文字注记数
        wzqsh(t2) = qsbj(j)
        wzzzh(t2) = jsbj(j)
    End If
Next
For i = 1 To t1
    bj1 = 0
    nt1 = 0                    '每宗地界址点数
    For j = jxqsh(i) To jxzzh(i)
        If a(j) = "   8" And a(j + 1) = s4 Then          '---实体类型：界址线
            t3 = t3 + 1            '界址线数
            bj1 = 1
        End If
        If bj1 = 1 And a(j) = " 10" Then
            nt1 = nt1 + 1
            x1(t3, nt1) = a(j + 3)        '界址点X坐标
            y1(t3, nt1) = a(j + 1)        '界址点Y坐标
        End If
        If bj1 = 1 And a(j) = "300000" Then
            zdbm(t3) = a(j + 2)            '宗地编码
            qlr(t3) = a(j + 4)            '权利人
            sr(t3) = zdbm(t3) & qlr(t3)
            If InStr(qlr(t3), "、") > 0 Then
                n3 = n3 + 1                '共有宗地数
```

```
        sr1(n3) = zdbm(t3) & qlr(t3)        '共有宗组合：宗地编码+权利人
        f4(n3) = s3 & sr1(n3)               '共有宗分离前原文件夹路径及名称
        B( ) = Split(qlr(t3), "、")
        For k = 0 To UBound(B)
            n6 = n6 + 1                      '共有宗分离权利人总数
            n7(n3) = UBound(B) + 1           '每个共有宗权利人数
            s6(n3, k + 1) = B(k)             '共有宗权利人
            f5(n3, k + 1) = s3 & zdbm(t3) & B(k)   '共有宗分离后新文件夹路径
及名称
        Next
      End If
    End If
  Next
  ds(t3) = nt1
Next
```

对界址线权属信息的准确获取是本示例程序的核心。在南方CASS软件中，宗地的标记字符串为"300000"，其余各项属性值均有特定的位置。从示例可以看出，如果宗地权利人为多个，中间以顿号等特殊字符分隔的，还需进行权利人分离，分别建立文件夹。

获取DXF文件中照片注记信息的主要代码示例如下：

```
For i = 1 To t3
    tp1 = 99999999#        '最小X值
    tp2 = 99999999#        '最小Y值
    tp3 = –99999999#       '最大X值
    tp4 = –99999999#       '最大Y值
    For j = 1 To ds(i)
        If x1(i, j) < tp1 Then
            tp1 = x1(i, j)
        End If
        If y1(i, j) < tp2 Then
            tp2 = y1(i, j)
```

```
        End If
        If x1(i, j) > tp3 Then
            tp3 = x1(i, j)
        End If
        If y1(i, j) > tp4 Then
            tp4 = y1(i, j)
        End If
    Next
    minx(i) = tp1
    miny(i) = tp2
    maxx(i) = tp3
    maxy(i) = tp4
Next
For k = 1 To t2
    bj2 = 0
    For v = wzqsh(k) To wzzzh(k)
        If a(v) = "   8" And a(v + 1) = s5 Then
        '---------------实体类型：照片注记---------------
            t4 = t4 + 1          '照片注记数
            bj2 = 1
        End If
        If bj2 = 1 And a(v) = " 10" Then
            x2(t4) = a(v + 3)           '照片注记X坐标
            y2(t4) = a(v + 1)           '照片注记Y坐标
        End If
        If bj2 = 1 And a(v) = "   1" Then
            zpbh(t4) = a(v + 1)          '照片编号
        End If
    Next
Next
Open "D:\【档案整理】\权属信息清单.txt" For Output As #4
For i = 1 To t3
    Print #4, sr(i)
```

```
Next
For i = 1 To t4
  bjcs(i) = 0
  For j = 1 To t3
    If x2(i) > minx(j) And x2(i) < maxx(j) And y2(i) > miny(j) And y2(i) < maxy(j)
Then
    '照片注记落在最小外包矩形
      bjcs(i) = bjcs(i) + 1
      pf(i, bjcs(i)) = 0#
      For k = 1 To ds(j)
        pf(i, bjcs(i)) = pf(i, bjcs(i)) + (x2(i) − x1(j, k)) ^ 2 + (y2(i) − y1(j, k)) ^ 2
      Next
      tp(i, bjcs(i)) = pf(i, bjcs(i)) / ds(j)
      If bjcs(i) = 1 Then
        pjjl(i) = tp(i, 1)
        n2 = j                  '查找到的最小外包矩形序号
      End If
      If bjcs(i) > 1 Then
        If tp(i, bjcs(i)) < pjjl(i) Then
          pjjl(i) = tp(i, bjcs(i))
          n2 = j
        End If
      End If
    End If
  Next
  f3(i) = s3 & zdbm(n2) & qlr(n2)          '新文件夹路径
Next
```

从上述示例代码可以看出，要使图面流水号注记与宗地权属信息之间产生联系，必须确定流水号注记文字归属于哪一个宗地，即其文字注记定位点落在哪一个宗地内，这是建立关联最重要的步骤。

根据图面注记信息分析并联动修改档案文件夹名的主要代码示例如下：

```
f1 = Dir(s3, vbDirectory)          '查找第一个文件夹
Do While f1 <> ""                  '循环到没有文件夹为止
    If Left(f1, 1) <> "." Then     '为了防止重复查找
        If GetAttr(s3 & "\" & f1) And vbDirectory Then      '如果是文件夹，则……
            n4 = n4 + 1            '文件夹数
            s7(n4) = f1           '文件夹名称
            f2(n4) = s3 & f1      '原始文件夹路径
        End If
    End If
    f1 = Dir                      '查找下一个文件夹
    DoEvents                      '让出控制权
Loop
For i = 1 To n4                   '使用递归方法，遍历所有目录
    For j = 1 To t4
        If s7(i) = zpbh(j) Then
            n5 = n5 + 1
            Name f2(i) As f3(j)
            Exit For
        End If
    Next
Next
For i = 1 To n3
    For j = 1 To n7(i)
        MkDir f5(i, j)
        f6 = Dir(f4(i) & "\*.*")
        Do While f6 <> ""
            sr2 = f4(i) & "\" & f6
            sr3 = f5(i, j) & "\" & f6
            FileCopy sr2, sr3
            f6 = Dir
        Loop
    Next
Next
```

```
For i = 1 To n3
    If Dir(f4(i), vbDirectory) <> "" Then
        fso.DeleteFolder (f4(i))
    End If
Next
s9 = "完毕！选定目录共有文件夹 " & n4 & " 个，已修改名称 " & n5 & " 宗，
其中共有 " & n3 & " 宗，共有宗权利人总数 " & n6 & " 人，请检查！"
MsgBox s9
End Sub
```

程序运行前后的档案文件夹样式如图10-2-2所示。

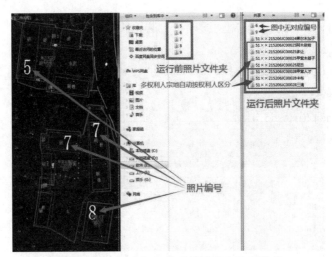

图10-2-2　程序运行前后的档案文件夹样式

10.3　照片按时间自动整理到文件夹

在倾斜摄影的照片整理过程中，由于照片数量较多，且任务较多时每天会有多个架次的照片，当内业进行整理时，必须要准确区分架次才能使后续的解算得到正确的结果。为了避免烦琐的人工识别和降低整理差错，考虑使用VB 6.0编程对照片进行批量自动整理。设计的照片按时间自动整理到文件夹

程序界面如图10-3-1所示。

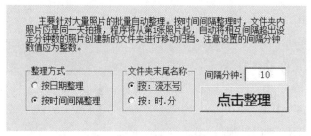

图10-3-1　照片按时间自动整理到文件夹程序界面

照片按时间自动整理到文件夹的主要代码示例如下：

```
Private Sub Command1_Click( )
    CommonDialog1.Filter = "通用图像文件(*.jpg, *.png, *.tif, *.bmp, *.*)|*.*"
    CommonDialog1.MaxFileSize = 32767
    Me.CommonDialog1.Flags = cdlOFNExplorer + cdlOFNAllowMultiselect
    Me.CommonDialog1.ShowOpen
    strFileName = Me.CommonDialog1.FileName
    If Len(strFileName) > 0 Then
        Debug.Print strFileName
        aryFileName = Split(strFileName, vbNullChar)
        n1 = LBound(aryFileName) + 1        '第一个为文件夹名
        n2 = UBound(aryFileName)            '所选文件个数
        s1 = aryFileName(0)                 '所选文件夹名
        For i = n1 To n2
            s2(i) = aryFileName(i)          '带后缀照片文件名
            s3(i) = Left(s2(i), InStr(s2(i), " ") – 1)            '照片拍摄日期
            s4(i) = Right(s2(i), Len(s2(i)) – InStr(s2(i), " "))  '照片拍摄时分秒带后缀
            s5(i) = Left(s4(i), InStr(s4(i), ".") + 2)            '时.分
            n6(i) = Val(Left(s5(i), InStr(s5(i), ".") – 1)) * 60 + Val(Right(s5(i), 2))   '十
进制分
        Next
    End If
t = Val(Text1.Text)        '间隔分钟数
```

```
n3 = 1                        '文件夹流水号数量
n4 = 0                        '创建文件夹数量
For i = n1 To n2
  If Option1.Value = True Then            '---按日期整理
    str1(i) = "" & s1 & "\" & s2(i) & ""
    If i = 1 Then
      n4 = n4 + 1
      f(i) = "" & s1 & "\" & s3(i) & ""
      f1(i) = "" & f(i) & "\" & s2(i) & ""
      MkDir f(i)
      Name str1(i) As f1(i)
    End If
    If i > 1 Then
      If s3(i) = s3(i - 1) Then
        f(i) = f(i - 1)
        f1(i) = "" & f(i) & "\" & s2(i) & ""
      End If
      If s3(i) <> s3(i - 1) Then
        n4 = n4 + 1
        f(i) = "" & s1 & "\" & s3(i) & ""
        f1(i) = "" & f(i) & "\" & s2(i) & ""
        MkDir f(i)
      End If
      Name str1(i) As f1(i)
    End If
  End If
  If Option2.Value = True Then            '---按时间间隔整理
    str1(i) = "" & s1 & "\" & s2(i) & ""
    If Option3.Value = True Then          '---文件夹末尾名称采用流水号
      If i = 1 Then
        n4 = n4 + 1
        f(i) = "" & s1 & "\" & s3(i) & "_1" & ""
        f1(i) = "" & f(i) & "\" & s2(i) & ""
```

```
        MkDir f(i)
        Name str1(i) As f1(i)
     End If
     If i > 1 Then
        ds(i) = n6(i) − n6(i − 1)
        If ds(i) <= t Then
           f(i) = f(i − 1)
           f1(i) = "" & f(i) & "\" & s2(i) & ""
        End If
        If ds(i) > t Then
           n3 = n3 + 1
           n4 = n4 + 1
           f(i) = "" & s1 & "\" & s3(i) & "_" & n3 & ""
           f1(i) = "" & f(i) & "\" & s2(i) & ""
           MkDir f(i)
        End If
        Name str1(i) As f1(i)
     End If
  End If
  If Option4.Value = True Then        '−−−文件夹末尾名称采用时.分
     If i = 1 Then
        n4 = n4 + 1
        f(i) = "" & s1 & "\" & s3(i) & "_" & s5(i) & ""
        f2(i) = "" & f(i) & "\" & s2(i) & ""
        MkDir f(i)
        Name str1(i) As f2(i)
     End If
     If i > 1 Then
        ds(i) = n6(i) − n6(i − 1)
        If ds(i) <= t Then
           f(i) = f(i − 1)
           f2(i) = "" & f(i) & "\" & s2(i) & ""
        End If
```

```
            If ds(i) > t Then
                n4 = n4 + 1
                f(i) = "" & s1 & "\" & s3(i) & "_" & s5(i) & ""
                f2(i) = "" & f(i) & "\" & s2(i) & ""
                MkDir f(i)
            End If
            Name str1(i) As f2(i)
        End If
      End If
   End If
Next
s9 = "照片整理完毕!共创建文件夹 " & n4 & " 个，移动文件 " & n2 & " 个，
请检查选择照片所在文件夹！"
MsgBox s9
End Sub
```

上述示例实现了按时间自动整理照片到文件夹。程序可从第1张照片起，自动将相互间隔超出设定分钟数的照片创建新的文件夹并移动归档，但是仍有待改进的地方。例如，按时间间隔整理不支持跨天拍摄的照片；选择按日期整理时，未设置文件夹末尾名称和间隔分钟数无效；选择需要整理的照片时未有效过滤非照片文件；对需要整理的照片的命名方式要求严格，必须是从左至右以"年.月.日"+空格+"时.分.秒"开头，否则无法处理等。读者可以借鉴本示例的思路对程序加以改进、完善。

10.4　文件按名称自动整理到文件夹

在档案整理过程中，如果一个文件夹下有很多不同种类的文件，起初没有建立文件夹对文件进行分类存放，但是文件的命名非常规范，如自左起一定长度的字符串就是需要提交的文件夹的命名格式，出现这种情况时使用VB 6.0编程会非常高效。程序可根据文件命名规则，对指定后缀名的文件提取文件名称中从左起设定长度的字符串作为文件夹名称，创建新的文件夹，并将

左起设定长度的字符串相同的文件逐一移动到同名文件夹中保存。设计的文件按名称自动整理到文件夹程序界面如图10-4-1所示。

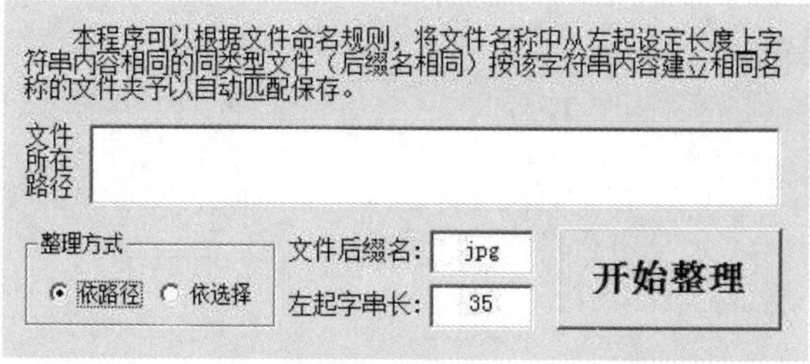

图10-4-1 文件按名称自动整理到文件夹程序界面

当整理方式选择"依路径"时，需填写上方的"文件所在路径"，将完整路径填上；当整理方式选择"依选择"时，设置好文件后缀名和左起字符串长后，点击"开始整理"，在弹出界面选择需要整理文件所在文件夹，点击"确定"即可。

文件按名称自动整理到文件夹的主要代码示例如下：

```
Private Sub Command1_Click( )
'文件按名称自动整理到文件夹（左起设定字符串长度）
If Option1.Value = True Then
    s1 = Text1.Text
End If
If Option2.Value = True Then
    s1 = GetFolder(Me.hWnd, "请选择归档文件所在文件夹：")
End If
n = 0
s2 = Text2.Text
s3 = "\*." & s2
n1 = Val(Text3.Text)            '左起字符串长
f1 = Dir(s1 & s3)
Do While f1 <> ""
    n = n + 1
    f(n) = f1
    f1 = Dir
```

```
Loop
For i = 1 To n
    s4 = Left(f(i), n1)
    sf1 = s1 & "\" & s4
    If Dir(sf1, vbDirectory) = "" Then        '没有则建立文件夹
        MkDir (sf1)
    End If
    f11 = s1 & "\" & f(i)
    f12 = sf1 & "\" & f(i)
    If Dir(f12) = "" Then
        Name f11 As f12        '新文件夹下没有该文件则移动文件到新的文件夹
    End If
Next
s5 = "完毕！共处理文件 " & n & " 个，请检查！"
MsgBox s5
End Sub
```

在本示例中，需要先判断是否存在同名文件夹。若不存在，则使用MkDir( )函数进行创建；若存在，则可以移动文件进行归档。在归档时，还需判断目标文件夹下有无同名文件，没有则移动文件到目标文件夹下。

10.5　提取名称自动创建文件夹并整理

在整理地籍档案的过程中，当文件夹下有一大堆命名规范的各类文件需要按全名称匹配或按其中文件名的某个起始位到判别符之间的字符串进行命名并归档时，手工进行归档的工作量是不可想象的。那么，可以考虑使用VB 6.0编程实现提取文件名中从起始位至判别符之间的字符串创建文件夹，或者以文件全名创建文件夹，再通过匹配文件夹名称和文件名关键字（或者文件全名）对文件进行自动移动归档。设计的提取名称自动创建文件夹并整理程序界面如图10-5-1所示。

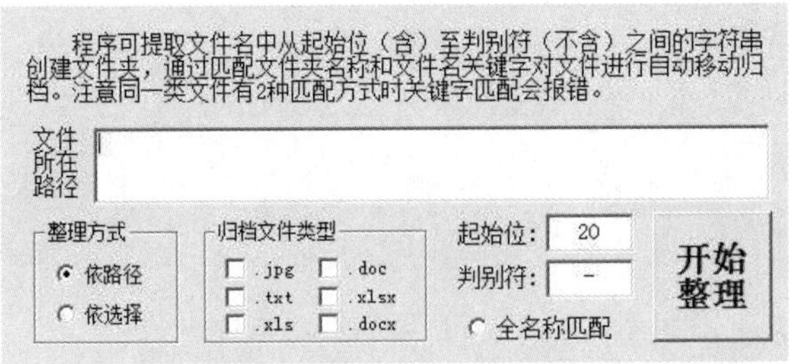

图10-5-1 提取名称自动创建文件夹并整理程序界面

运行程序时，勾选"归档文件类型"（可以多选），设置好起始位（即从左向右多少个字符开始）、判别符（即结束字符，指从起始位向右第一个判别字符）后，点击"开始整理"，在弹出的界面选择需要整理文件所在文件夹，点击"确定"即可。

提取名称自动创建文件夹并整理的主要代码示例如下：

```
Private Sub Command1_Click( )
'提取名称自动创建文件夹并整理（全名称或关键字匹配）
If Option1.Value = True Then
    s1 = Text1.Text
End If
If Option2.Value = True Then
    s1 = GetFolder(Me.hwnd, "请选择归档文件所在文件夹：")
End If
n1 = Val(Text2.Text)
st = Text3.Text
n11 = 0
n12 = 0
n13 = 0
n14 = 0
n15 = 0
n16 = 0
If Option3.Value = False Then
    If Check1.Value = 1 Then
    '-----处理jpg文件-----
        f1 = Dir(s1 & "\*.jpg")
```

```
Do While f1 <> ""
    n11 = n11 + 1
    fn1(n11) = f1
    f1 = Dir
Loop
For i = 1 To n11
    s2 = Right(fn1(i), Len(fn1(i)) – n1)
    n2 = InStr(s2, st)
    sr1 = Mid(fn1(i), n1, n2)                '要创建的文件夹名称
    sf1 = s1 & "\" & sr1
    If Dir(sf1, vbDirectory) = "" Then   '没有则建立文件夹
        MkDir (sf1)
    End If
    f11 = s1 & "\" & fn1(i)
    f12 = sf1 & "\" & fn1(i)
    If Dir(f12) = "" Then
        Name f11 As f12   '新文件夹下没有该文件则移动文件到新的文件夹
    End If
Next
s3 = "完毕！共处理jpg图片 " & n11 & " 张，请检查！"
MsgBox s3
End If
If Check2.Value = 1 Then
'-----处理txt文件-----
    f1 = Dir(s1 & "\*.txt")
    Do While f1 <> ""
        n12 = n12 + 1
        fn2(n12) = f1
        f1 = Dir
    Loop
    For i = 1 To n12
        s2 = Right(fn2(i), Len(fn2(i)) – n1)
        n2 = InStr(s2, st)
```

```
    sr2 = Mid(fn2(i), n1, n2)            '要创建的文件夹名称
    sf2 = s1 & "\" & sr2
    If Dir(sf2, vbDirectory) = "" Then   '没有则建立文件夹
        MkDir (sf2)
    End If
    f21 = s1 & "\" & fn2(i)
    f22 = sf2 & "\" & fn2(i)
    If Dir(f22) = "" Then
        Name f21 As f22    '新文件夹下没有该文件则移动文件到新的文件夹
    End If
  Next
  s4 = "完毕！共处理txt文件 " & n12 & " 个，请检查！"
  MsgBox s4
End If
If Check3.Value = 1 Then
'------处理xls文件-----
  f1 = Dir(s1 & "\*.xls")
  Do While f1 <> ""
      n13 = n13 + 1
      fn3(n13) = f1
      f1 = Dir
  Loop
  For i = 1 To n13
      s2 = Right(fn3(i), Len(fn3(i)) - n1)
      n2 = InStr(s2, st)
      sr3 = Mid(fn3(i), n1, n2)             '要创建的文件夹名称
      sf3 = s1 & "\" & sr3
      If Dir(sf3, vbDirectory) = "" Then    '没有则建立文件夹
          MkDir (sf3)
      End If
      f31 = s1 & "\" & fn3(i)
      f32 = sf3 & "\" & fn3(i)
      If Dir(f32) = "" Then
```

```
            Name f31 As f32    '新文件夹下没有该文件则移动文件到新的文件夹
         End If
      Next
      s5 = "完毕！共处理xls文件 " & n13 & " 个，请检查！"
      MsgBox s5
End If
If Check4.Value = 1 Then
'------处理doc文件------
   f1 = Dir(s1 & "\*.doc")
   Do While f1 <> ""
      n14 = n14 + 1
      fn4(n14) = f1
      f1 = Dir
   Loop
   For i = 1 To n14
      s2 = Right(fn4(i), Len(fn4(i)) – n1)
      n2 = InStr(s2, st)
      sr4 = Mid(fn4(i), n1, n2)            '要创建的文件夹名称
      sf4 = s1 & "\" & sr4
      If Dir(sf4, vbDirectory) = "" Then   '没有则建立文件夹
         MkDir (sf4)
      End If
      f41 = s1 & "\" & fn4(i)
      f42 = sf4 & "\" & fn4(i)
      If Dir(f42) = "" Then
         Name f41 As f42    '新文件夹下没有该文件则移动文件到新的文件夹
      End If
   Next
   s6 = "完毕！共处理doc文件 " & n14 & " 个，请检查！"
   MsgBox s6
End If
If Check5.Value = 1 Then
'------处理xlsx文件------
```

```
    f1 = Dir(s1 & "\*.xlsx")
    Do While f1 <> ""
      n15 = n15 + 1
      fn5(n15) = f1
      f1 = Dir
    Loop
    For i = 1 To n15
      s2 = Right(fn5(i), Len(fn5(i)) – n1)
      n2 = InStr(s2, st)
      sr5 = Mid(fn5(i), n1, n2)            '要创建的文件夹名称
      sf5 = s1 & "\" & sr5
      If Dir(sf5, vbDirectory) = "" Then   '没有则建立文件夹
        MkDir (sf5)
      End If
      f51 = s1 & "\" & fn5(i)
      f52 = sf5 & "\" & fn5(i)
      If Dir(f52) = "" Then
        Name f51 As f52    '新文件夹下没有该文件则移动文件到新的文件夹
      End If
    Next
    s7 = "完毕！共处理xlsx文件 " & n15 & " 个，请检查！"
    MsgBox s7
End If
If Check6.Value = 1 Then
'------处理docx文件------
    f1 = Dir(s1 & "\*.docx")
    Do While f1 <> ""
      n16 = n16 + 1
      fn6(n16) = f1
      f1 = Dir
    Loop
    For i = 1 To n16
      s2 = Right(fn6(i), Len(fn6(i)) – n1)
```

```vb
        n2 = InStr(s2, st)
        sr6 = Mid(fn6(i), n1, n2)            '要创建的文件夹名称
        sf6 = s1 & "\" & sr6
        If Dir(sf6, vbDirectory) = "" Then  '没有则建立文件夹
            MkDir (sf6)
        End If
        f61 = s1 & "\" & fn6(i)
        f62 = sf6 & "\" & fn6(i)
        If Dir(f62) = "" Then
            Name f61 As f62    '新文件夹下没有该文件则移动文件到新的文件夹
        End If
    Next
    s8 = "完毕！共处理docx文件 " & n16 & " 个，请检查！"
    MsgBox s8
  End If
End If
If Option3.Value = True Then
  If Check1.Value = 1 Then
    f1 = Dir(s1 & "\*.jpg")
    Do While f1 <> ""
      n11 = n11 + 1
      fn1(n11) = f1
      f1 = Dir
    Loop
    For i = 1 To n11
      sr1 = Left(fn1(i), Len(fn1(i)) - 4)    '要创建的文件夹名称
      sf1 = s1 & "\" & sr1
      If Dir(sf1, vbDirectory) = "" Then
          MkDir (sf1)    '没有则建立文件夹
      End If
      f11 = s1 & "\" & fn1(i)
      f12 = sf1 & "\" & fn1(i)
      If Dir(f12) = "" Then
```

```
            Name f11 As f12     '新文件夹下没有该文件则移动文件到新的文件夹
        End If
    Next
    s3 = "完毕！共处理jpg图片 " & n11 & " 张，请检查！ "
    MsgBox s3
End If
If Check2.Value = 1 Then
    f1 = Dir(s1 & "\*.txt")
    Do While f1 <> ""
        n12 = n12 + 1
        fn2(n12) = f1
        f1 = Dir
    Loop
    For i = 1 To n12
        sr2 = Left(fn2(i), Len(fn2(i)) – 4)     '要创建的文件夹名称
        sf2 = s1 & "\" & sr2
        If Dir(sf2, vbDirectory) = "" Then
            MkDir (sf2)     '没有则建立文件夹
        End If
        f21 = s1 & "\" & fn2(i)
        f22 = sf2 & "\" & fn2(i)
        If Dir(f22) = "" Then
            Name f21 As f22     '新文件夹下没有该文件则移动文件到新的文件夹
        End If
    Next
    s4 = "完毕！共处理txt文件 " & n12 & " 个，请检查！ "
    MsgBox s4
End If
If Check3.Value = 1 Then
    f1 = Dir(s1 & "\*.xls")
    Do While f1 <> ""
        n13 = n13 + 1
        fn3(n13) = f1
```

```
        f1 = Dir
    Loop
    For i = 1 To n13
        sr3 = Left(fn3(i), Len(fn3(i)) – 4)    '要创建的文件夹名称
        sf3 = s1 & "\" & sr3
        If Dir(sf3, vbDirectory) = "" Then
            MkDir (sf3)    '没有则建立文件夹
        End If
        f31 = s1 & "\" & fn3(i)
        f32 = sf3 & "\" & fn3(i)
        If Dir(f32) = "" Then
            Name f31 As f32    '新文件夹下没有该文件则移动文件到新的文件夹
        End If
    Next
    s5 = "完毕！共处理xls文件 " & n13 & " 个，请检查！"
    MsgBox s5
End If
If Check4.Value = 1 Then
    f1 = Dir(s1 & "\*.doc")
    Do While f1 <> ""
        n14 = n14 + 1
        fn4(n14) = f1
        f1 = Dir
    Loop
    For i = 1 To n14
        sr4 = Left(fn4(i), Len(fn4(i)) – 4)    '要创建的文件夹名称
        sf4 = s1 & "\" & sr4
        If Dir(sf4, vbDirectory) = "" Then
            MkDir (sf4)    '没有则建立文件夹
        End If
        f41 = s1 & "\" & fn4(i)
        f42 = sf4 & "\" & fn4(i)
        If Dir(f42) = "" Then
```

```
        Name f41 As f42    '新文件夹下没有该文件则移动文件到新的文件夹
      End If
    Next
    s6 = "完毕！共处理doc文件 " & n14 & " 个，请检查！"
    MsgBox s6
End If
If Check5.Value = 1 Then
  f1 = Dir(s1 & "\*.xlsx")
  Do While f1 <> ""
    n15 = n15 + 1
    fn5(n15) = f1
    f1 = Dir
  Loop
  For i = 1 To n15
    sr5 = Left(fn5(i), Len(fn5(i)) – 5)    '要创建的文件夹名称
    sf5 = s1 & "\" & sr5
    If Dir(sf5, vbDirectory) = "" Then
      MkDir (sf5)    '没有则建立文件夹
    End If
    f51 = s1 & "\" & fn5(i)
    f52 = sf5 & "\" & fn5(i)
    If Dir(f52) = "" Then
        Name f51 As f52    '新文件夹下没有该文件则移动文件到新的文件夹
    End If
  Next
  s7 = "完毕！共处理xlsx文件 " & n15 & " 个，请检查！"
  MsgBox s7
End If
If Check6.Value = 1 Then
  f1 = Dir(s1 & "\*.docx")
  Do While f1 <> ""
    n16 = n16 + 1
    fn6(n16) = f1
```

```
        f1 = Dir
    Loop
    For i = 1 To n16
        sr6 = Left(fn6(i), Len(fn6(i)) – 4)    '要创建的文件夹名称
        sf6 = s1 & "\" & sr6
        If Dir(sf6, vbDirectory) = "" Then
            MkDir (sf6)     '没有则建立文件夹
        End If
        f61 = s1 & "\" & fn6(i)
        f62 = sf6 & "\" & fn6(i)
        If Dir(f62) = "" Then
            Name f61 As f62    '新文件夹下没有该文件则移动文件到新的文件夹
        End If
    Next
    s8 = "完毕！共处理docx文件 " & n16 & " 个，请检查！"
    MsgBox s8
    End If
End If
End Sub
```

从上述示例可以看出，代码虽然比较长，但是对每类文件的处理是类似的。当同一类文件有两种匹配方式时，关键字匹配会报错，但是不影响最终归档结果，可忽略。

与按左起一定长度字符串进行匹配不同的是，本示例是按文件名中间某位置起并以设定特殊字符结束的一定长度字符串进行匹配，或者按文件名全名称进行匹配，读者使用时应根据实际需要进行选择。

如果存在既有中间关键字匹配又有全名称匹配的，应先进行关键字匹配，最后再选择全名称匹配。

10.6　批量图片生成文档

现有大量文件夹，每个文件夹下有若干图片，最新的要求是每个文件夹下的图片生成一个pdf文件进行档案提交，不需要图片格式的档案。为解决这个问题，可以编写VB 6.0程序识别每个文件夹下的图片（jpg格式），按名称顺序将图片插入一个空的doc文件模板，并以每个文件夹名称分别命名doc文件进行保存。设计的批量图片生成文档程序界面如图10-6-1所示。

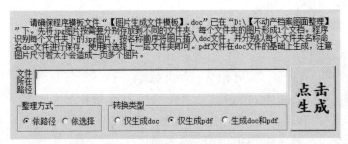

图10-6-1　批量图片生成文档程序界面

打开图片所在文件夹的上一层文件夹并遍历所有文件夹的主要代码示例如下：

```
Private Sub Command1_Click( )
'批量jpg图片生成doc、pdf文件
If Option1.Value = True Then
    s1 = Text1.Text
End If
If Option2.Value = True Then
    s1 = GetFolder(Me.hwnd, "请选择图片所在文件夹的上一层文件夹：")
End If
s2 = s1 & "\"
s3 = Dir(s2, vbDirectory)            '查找s1路径下所有文件夹
n = 0
n1 = 0
n2 = 0
```

```
Do While s3 <> ""
  n = n + 1
  f1(n) = s3
  s3 = Dir
Loop
```

在涉及文件夹和文件的处理中，Dir( )函数的使用率非常高。本示例中将其用以遍历文件夹下的所有图片（jpg格式），因此用了"*.jpg"对遍历的文件类型进行了限定筛选。

图片分别生成doc文件或pdf文件的主要代码示例如下：

```
For i = 1 To n – 2
  n1 = n1 + 1                '实际包含文件夹数量
  Set wd = New Word.Application              '实例化
  Set doc = wd.Documents.Add("D:\【不动产档案图面整理】\【图片生成文件
模板】.doc")                '当模板用add, 否则用open
  wd.Visible = False    '隐藏 Office Word 界面
  f2(i) = f1(i + 2)               'jpg格式的文件所在文件夹名（doc文件名）
  s4 = s2 & f2(i)                'jpg格式的文件所在文件夹路径
  f3 = Dir(s4 & "\*.jpg")
  Do While f3 <> ""
    n2 = n2 + 1                '处理jpg格式的文件总数
    s5 = s4 & "\" & f3         'jpg含路径文件名
    wd.Selection.EndKey Unit:=wdStory '将光标移到文档末尾，在文本后面
插入图片对象
    wd.Selection.InlineShapes.AddPicture FileName:=s5, LinkToFile:=False,
SaveWithDocument:=True
    wd.Selection.MoveLeft Unit:=wdCharacter, Count:=1, Extend:=wdExtend
    wd.ActiveDocument.InlineShapes(1).LockAspectRatio =
msoFalse        'msoflase为不锁定比例, msoture为锁定比例
    wd.ActiveDocument.InlineShapes(1).LockAspectRatio = msoTure
    f3 = Dir
  Loop
```

```
If Option3.Value = True Then
'-----仅生成doc-----
    n3 = 1
    s6 = s4 & ".doc"
    wd.ActiveDocument.SaveAs FileName:=(s6), FileFormat:=wdFormatDocument,
LockComments:=False, _
        Password:="", AddToRecentFiles:=True, WritePassword:="",
ReadOnlyRecommended:=False, _
        EmbedTrueTypeFonts:=False, SaveNativePictureFormat:=False,
SaveFormsData:=False, SaveAsAOCELetter:=False
    wd.DisplayAlerts = False            '不提示保存对话框
    wd.Quit
    Set wd = Nothing
End If
If Option4.Value = True Then
'-----仅生成pdf-----
    n3 = 2
    s6 = s4 & ".doc"
    wd.ActiveDocument.SaveAs FileName:=(s6), FileFormat:=wdFormatDocument,
LockComments:=False, _
        Password:="", AddToRecentFiles:=True, WritePassword:="",
ReadOnlyRecommended:=False, _
        EmbedTrueTypeFonts:=False, SaveNativePictureFormat:=False,
SaveFormsData:=False, SaveAsAOCELetter:=False
    s7 = s4 & ".pdf"
    wd.ActiveDocument.ExportAsFixedFormat OutputFileName:=s7 _
        , ExportFormat:=wdExportFormatPDF, OpenAfterExport:=False,
OptimizeFor:= _
        wdExportOptimizeForOnScreen, Range:=wdExportAllDocument,
From:=1, to:=1, _
        Item:=wdExportDocumentContent, IncludeDocProps:=True,
KeepIRM:=True, _
        CreateBookmarks:=wdExportCreateNoBookmarks,
```

```
DocStructureTags:=False, _
        BitmapMissingFonts:=False, UseISO19005_1:=False
    wd.DisplayAlerts = False              '不提示保存对话框
    wd.Quit
    Set wd = Nothing
    Kill s6
End If
```

从示例中可以看出，生成pdf文件的前提是生成doc文件，在打开doc文件的基础上，通过调用接口组件，实现将其保存为pdf文件。

图片同时生成doc文件或pdf文件的主要代码示例如下：

```
If Option5.Value = True Then
'-----生成doc和pdf-----
    n3 = 3
    s6 = s4 & ".doc"
    wd.ActiveDocument.SaveAs FileName:=(s6), FileFormat:=wdFormatDocument,
LockComments:=False, _
        Password:="", AddToRecentFiles:=True, WritePassword:="",
ReadOnlyRecommended:=False, _
        EmbedTrueTypeFonts:=False, SaveNativePictureFormat:=False,
SaveFormsData:=False, SaveAsAOCELetter:=False
    s7 = s4 & ".pdf"
    wd.ActiveDocument.ExportAsFixedFormat OutputFileName:=s7 _
        , ExportFormat:=wdExportFormatPDF, OpenAfterExport:=False,
OptimizeFor:= _
        wdExportOptimizeForOnScreen, Range:=wdExportAllDocument,
From:=1, to:=1, _
        Item:=wdExportDocumentContent, IncludeDocProps:=True,
KeepIRM:=True, _
        CreateBookmarks:=wdExportCreateNoBookmarks,
DocStructureTags:=False, _
        BitmapMissingFonts:=False, UseISO19005_1:=False
```

```
        wd.DisplayAlerts = False            '不提示保存对话框
        wd.Quit
        Set wd = Nothing
    End If
Next
If n3 = 1 Then
    s9 = "完毕！共生成doc文件 " & n1 & " 个，处理jpg格式的图片 " & n2 & "
张，请检查所选文件夹下生成的文档！"
End If
If n3 = 2 Then
    s9 = "完毕！共生成pdf文件 " & n1 & " 个，处理jpg格式的图片 " & n2 & "
张，请检查所选文件夹下生成的文档！"
End If
If n3 = 3 Then
    s9 = "完毕！共生成doc和pdf文件各 " & n1 & " 个，处理jpg图片 " & n2 & "
张，请检查所选文件夹下生成的文档！"
End If
MsgBox s9
End Sub
```

11　实用工具

11.1　单测站碎部点计算

　　自全站仪广泛使用以来，传统利用经纬仪塔尺进行的视距测图正在逐渐被淡化，碎部点坐标的计算已不是测绘技术人员关注的重点，这项工作已由全站仪自动计算所取代。但是在一些特殊项目中，仍然要求提供各测站碎部点计算的资料。出于这个目的，本节示例介绍了如何利用VB 6.0编程读取南方NTS–332全站仪测量的边长角度，再编写电子表格实现单一测站测量的碎部点坐标计算的方法。设计的单测站碎部点计算程序界面如图11–1–1所示。

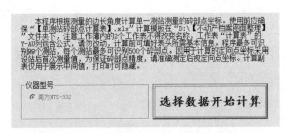

图11–1–1　单测站碎部点计算程序界面

　　打开数据文件并初步判断数据合法性的主要代码示例如下：

```
Private Sub Command1_Click( )
'读取观测数据进行碎部点坐标计算
If Dir("D:\【不动产档案图面整理】", vbDirectory) = "" Then        '没有则建立文件夹
```

```
    MkDir ("D:\【不动产档案图面整理】")
End If
If Dir("D:\\【不动产档案图面整理】\\【单测站碎部点计算表】.xls") = ""
Then
    MsgBox "D盘根目录【不动产档案图面整理】文件夹下缺【单测站碎部点
计算表】.xls！"
End If
n = 0
n1 = 0
n5 = 0
s1 = ", "
s4 = " "
f1 = "D:\【不动产档案图面整理】\【单测站碎部点计算表】.xls"
st = "D:\【不动产档案图面整理】\【单测站碎部点计算表】"
For i = 1 To 9999
    If EOF(1) = True Then
        Exit For
    End If
    Line Input #1, a(i)
    n = n + 1
    B(i) = Right(a(i), Len(a(i)) − 8)
    If i > 5 Then
        c(i) = Right(B(i), Len(B(i)) − InStr(B(i), s1))
    End If
    sr(i) = Left(a(i), 4)
Next
If sr(2) = "DATE" Then
    rq = Left(B(2), InStr(B(2), s4) − 1)
End If
If sr(2) <> "DATE" Then
    MsgBox "数据文件格式错误，请检查！"
End If
If sr(6) <> "STN " Then
```

```
    MsgBox "错误！未首先设置测站，请检查！"
End If
If sr(9) <> "XYZ " Then
    MsgBox "错误！建站后未首先测量后视点坐标，请检查！"
End If
```

数据的合法性检查历来是数据处理的一项重要内容。在上述示例中，程序分别对数据文件格式、是否首先设置测站和建站后是否首先测量后视点坐标进行了检查，这些检查均是基于记录的数据文件中的特定字符串，如果这些特定字符串没有出现在应该出现的位置，则被认定为数据不符合要求。

进行单测站碎部点计算的主要代码示例如下：

```
For j = 6 To n
    If sr(j) = "STN " Then
        n1 = n1 + 1              '测站数量
        n2(n1) = j + 4          '测站有效数据起始行号
        n4(n1) = 0              '测站获取碎部点数
        f2(n1) = st & rq & "_" & n1 & ".xls"
        FileCopy f1, f2(n1)
        czh(n1) = Left(B(j), InStr(B(j), s1) - 1)                      '测站点号
        yqg(n1) = Left(c(j), InStr(c(j), s1) - 1)                      '仪器高
        czm(n1) = Right(c(j), Len(c(j)) - InStr(c(j), s1))            '测站点编码
        Y(n1) = Left(B(j + 1), InStr(B(j + 1), s1) - 1)              '测站东坐标Y
        X(n1) = Left(c(j + 1), InStr(c(j + 1), s1) - 1)              '测站北坐标X
        h(n1) = Right(c(j + 1), Len(c(j + 1)) - InStr(c(j + 1), s1))     '测站高程H
        If sr(j + 3) <> "XYZ " Then
            s2 = "错误！建站后未首先测量后视点坐标！错误行：" & j + 3
            MsgBox s2
        End If
        If sr(j + 3) = "XYZ " Then
            dxdh(n1) = Left(B(j + 2), InStr(B(j + 2), s1) - 1)        '定向点号
            dxyg(n1) = Left(c(j + 2), InStr(c(j + 2), s1) - 1)        '定向仪器高
            dxdm(n1) = Right(c(j + 2), Len(c(j + 2)) - InStr(c(j + 2), s1))   '定向点编码
```

```
      y2(n1) = Left(B(j + 3), InStr(B(j + 3), s1) − 1)                    '定向点东坐
标Y
      x2(n1) = Left(c(j + 3), InStr(c(j + 3), s1) − 1)                    '定向点北坐标X
      h2(n1) = Right(c(j + 3), Len(c(j + 3)) − InStr(c(j + 3), s1))    '定向点高程H
    End If
  End If
  If j >= n2(n1) And sr(j) = "SS    " Then
    n4(n1) = n4(n1) + 1            '测站获取碎部点数
    dh(n1, n4(n1)) = Left(B(j), InStr(B(j), s1) − 1)               '碎部点号
    jg(n1, n4(n1)) = Left(c(j), InStr(c(j), s1) − 1)                '镜高
    bm(n1, n4(n1)) = Right(c(j), Len(c(j)) − InStr(c(j), s1))   '碎部点编码
    If sr(j + 1) = "HD    " Then
      spj(n1, n4(n1)) = Left(B(j + 1), InStr(B(j + 1), s1) − 1)              '水平角
      pj(n1, n4(n1)) = Left(c(j + 1), InStr(c(j + 1), s1) − 1)             '平距
      gc(n1, n4(n1)) = Right(c(j + 1), Len(c(j + 1)) − InStr(c(j + 1), s1))       '高差
      tdj(n1, n4(n1)) = Left(c(j + 2), InStr(c(j + 2), s1) − 1)            '天顶距
      xj(n1, n4(n1)) = Right(c(j + 2), Len(c(j + 2)) − InStr(c(j + 2), s1))       '斜距
    End If
    If j >= n2(n1) And sr(j + 1) <> "HD    " Then
      s2 = "错误！碎部点：" & dh(n1, n4(n1)) & " 未采用距离测量模式！错
误行：" & j + 1
      MsgBox s2
    End If
  End If
Next
For k = 1 To n1
  n5 = n5 + n4(k)
  Set xlapp = CreateObject("Excel.Application")
  Set xlbook = xlapp.Workbooks.Open(f2(k))
    xlapp.Visible = False
  Set xlsheet = xlbook.Worksheets("计算表")
    xlsheet.Activate
xlapp.ActiveSheet.Cells(4, 3) = rq                   '施测日期
```

```
xlapp.ActiveSheet.Cells(6, 2) = czh(k)                    '测站点号
xlapp.ActiveSheet.Cells(6, 3) = Y(k)                      '测站东坐标Y
xlapp.ActiveSheet.Cells(6, 5) = X(k)                      '测站北坐标X
xlapp.ActiveSheet.Cells(6, 7) = h(k)                      '测站高程H
xlapp.ActiveSheet.Cells(7, 2) = dxdh(k)                   '定向点号
xlapp.ActiveSheet.Cells(7, 3) = y2(k)                     '定向点东坐标Y
xlapp.ActiveSheet.Cells(7, 5) = x2(k)                     '定向点北坐标X
xlapp.ActiveSheet.Cells(7, 7) = h2(k)                     '定向点高程H
For i = 1 To n4(k)
  xlapp.ActiveSheet.Cells(i + 9, 2) = dh(k, i)            '碎部点点号
  xlapp.ActiveSheet.Cells(i + 9, 3) = yqg(k)              '仪器高
  xlapp.ActiveSheet.Cells(i + 9, 4) = spj(k, i)           '碎部点方向值
  xlapp.ActiveSheet.Cells(i + 9, 5) = xj(k, i)            '碎部点斜距
  xlapp.ActiveSheet.Cells(i + 9, 6) = tdj(k, i)           '碎部点天顶距
  xlapp.ActiveSheet.Cells(i + 9, 7) = jg(k, i)            '碎部点镜高
Next
xlapp.ActiveWorkbook.Save
xlapp.DisplayAlerts = False
xlapp.Workbooks.Close
xlapp.Quit
Set xlapp = Nothing
Next
n5 = n5 - n1
  s3 = "完毕！共识别测站 " & n1 & " 个，碎部点 " & n5 & " 个，请检查
D:\【不动产档案图面整理】文件夹下生成的含观测日期的碎部点计算表xls
文件！ "
MsgBox s3
End Sub
```

在实际测量中，一个数据文件可能包含多个测站，程序将计算结果按测站分别保存为不同的表格文件，但是设站之后必须先按"坐标"方式测量定向点之后才能开始该站的碎部点测量，碎部点测量采用"距离"方式。

运行本示例程序时，点击"选择数据开始计算"，在弹出的对话框选择

整理好的原始数据文件即可。程序运行结束将弹出提示。

为防止原始数据采集不合格，要求外业单一测站的工作流程为：设站→“坐标”方式测量定向点→“距离”方式测量碎部点。如果一个测量文件下包含多个测站的数据，外业作业时重复该步骤即可。

程序运行前后碎部点坐标计算表样式分别如图11-1-2和图11-1-3所示。

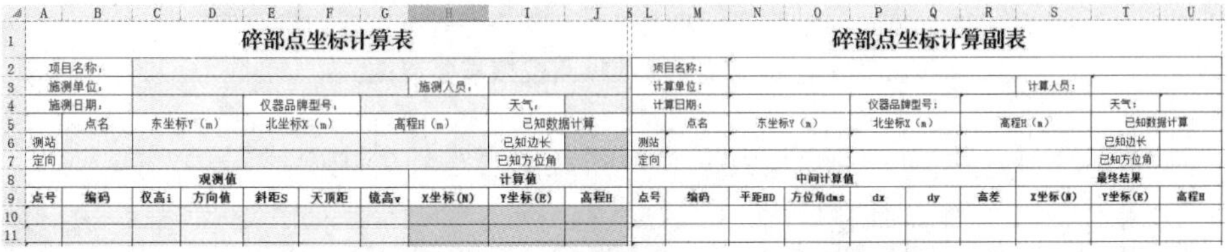

碎部点坐标计算表

项目名称：									
施测单位：							施测人员：		
施测日期：			仪器品牌型号：				天气：		
	点名	东坐标Y（m）		北坐标X（m）		高程H（m）		已知数据计算	
测站								已知边长	
定向								已知方位角	
观测值							计算值		
点号	编码	仪高i	方向值	斜距S	天顶距	镜高v	X坐标(N)	Y坐标(E)	高程H

碎部点坐标计算副表

项目名称：									
计算单位：							计算人员：		
计算日期：			仪器品牌型号：				天气：		
	点名	东坐标Y（m）		北坐标X（m）		高程H（m）		已知数据计算	
测站								已知边长	
定向								已知方位角	
中间计算值							最终结果		
点号	编码	平距HD	方位角dms	dx	dy	高差	X坐标(N)	Y坐标(E)	高程H

图11-1-2　程序运行前的碎部点坐标计算表样式

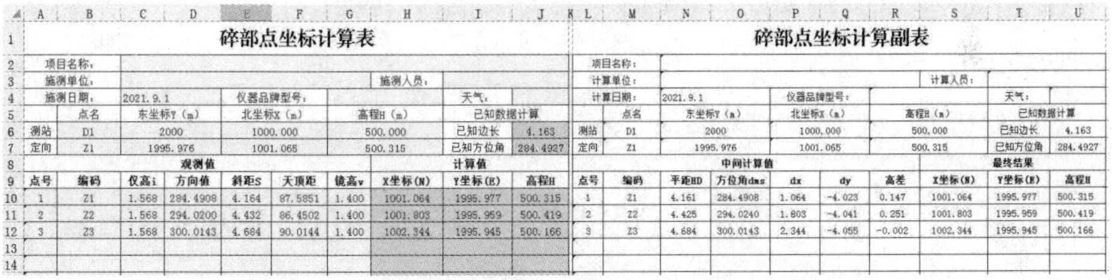

碎部点坐标计算表

项目名称：									
施测单位：							施测人员：		
施测日期：	2021.9.1		仪器品牌型号：				天气：		
	点名	东坐标Y（m）		北坐标X（m）		高程H（m）		已知数据计算	
测站	D1	2000		1000.000		500.000		已知边长	4.163
定向	Z1	1995.976		1001.065		500.315		已知方位角	284.4927
观测值							计算值		
点号	编码	仪高i	方向值	斜距S	天顶距	镜高v	X坐标(N)	Y坐标(E)	高程H
1	Z1	1.568	284.4908	4.164	87.5851	1.400	1001.064	1995.977	500.315
2	Z2	1.568	294.0200	4.432	86.4502	1.400	1001.803	1995.959	500.419
3	Z3	1.568	300.0143	4.684	90.0144	1.400	1002.344	1995.945	500.166

碎部点坐标计算副表

项目名称：									
计算单位：							计算人员：		
计算日期：	2021.9.1		仪器品牌型号：				天气：		
	点名	东坐标Y（m）		北坐标X（m）		高程H（m）		已知数据计算	
测站	D1	2000		1000.000		500.000		已知边长	4.163
定向	Z1	1995.976		1001.065		500.315		已知方位角	284.4927
中间计算值							最终结果		
点号	编码	平距HD	方位角dms	dx	dy	高差	X坐标(N)	Y坐标(E)	高程H
1	Z1	4.161	284.4908	1.064	-4.023	0.147	1001.064	1995.977	500.315
2	Z2	4.425	294.0240	1.803	-4.041	0.251	1001.803	1995.959	500.419
3	Z3	4.684	300.0143	2.344	-4.055	-0.002	1002.344	1995.945	500.166

图11-1-3　程序运行后的碎部点坐标计算表样式

11.2　控制点单点校核

在精度要求比较高的项目中，要求对每个控制点进行校核，本节程序用于每次设站定向后检查单一控制点的情况。设计的控制点单点校核程序界面如图11-2-1所示。

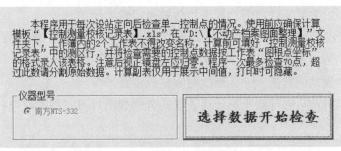

图11-2-1　控制点单点校核程序界面

打开控制点数据文件读取数据并判断数据合法性的主要代码示例如下：

```
Private Sub Command1_Click( )
'读取观测数据进行控制点检核
If Dir("D:\【不动产档案图面整理】", vbDirectory) = "" Then        '没有则建立
文件夹
    MkDir ("D:\【不动产档案图面整理】")
End If
If Dir("D:\\【不动产档案图面整理】\\【控制测量校核记录表】.xls") = ""
Then
    MsgBox "D盘根目录【不动产档案图面整理】文件夹下缺【控制测量校核
记录表】.xls！"
End If
n = 0
n1 = 0
s1 = ","
s7 = " "
s8 = "."
f1 = "D:\【不动产档案图面整理】\【控制测量校核记录表】.xls"
st = "D:\【不动产档案图面整理】\【控制测量校核记录表】"
For i = 1 To 9999
    If EOF(1) = True Then
        Exit For
    End If
    Line Input #1, a(i)
```

```
    n = n + 1
    B(i) = Right(a(i), Len(a(i)) – 8)
    If i > 5 Then
        c(i) = Right(B(i), Len(B(i)) – InStr(B(i), s1))
    End If
    sr(i) = Left(a(i), 4)
Next
If sr(2) = "DATE" Then
    rq = Left(B(2), InStr(B(2), s7) – 1)
End If
If sr(2) <> "DATE" Then
    MsgBox "数据文件格式错误，请检查！"
End If
If sr(6) <> "STN " Then
    MsgBox "错误！未首先设置测站，请检查！"
End If
For j = 6 To n
    If sr(j) = "STN " Then
        n1 = n1 + 1         '测站数量
        n4(n1) = 0          '测站获取碎部点数
        czh(n1) = Left(B(j), InStr(B(j), s1) – 1)                    '测站点号
        yqg(n1) = Left(c(j), InStr(c(j), s1) – 1)                    '仪器高
        czm(n1) = Right(c(j), Len(c(j)) – InStr(c(j), s1))          '测站点编码
        Y(n1) = Left(B(j + 1), InStr(B(j + 1), s1) – 1)            '测站东坐标Y
        X(n1) = Left(c(j + 1), InStr(c(j + 1), s1) – 1)            '测站北坐标X
        h(n1) = Right(c(j + 1), Len(c(j + 1)) – InStr(c(j + 1), s1))    '测站高程H
    End If
    If sr(j) = "SS   " Then
        n4(n1) = n4(n1) + 1            '测站获取碎部点数
        dh(n1, n4(n1)) = Left(B(j), InStr(B(j), s1) – 1)           '碎部点号
        jg(n1, n4(n1)) = Left(c(j), InStr(c(j), s1) – 1)           '镜高
        bm(n1, n4(n1)) = Right(c(j), Len(c(j)) – InStr(c(j), s1))  '碎部点编码
        If sr(j + 1) = "HD   " Then
```

```vb
      spj(n1, n4(n1)) = Left(B(j + 1), InStr(B(j + 1), s1) - 1)          '水平角
      pj(n1, n4(n1)) = Left(c(j + 1), InStr(c(j + 1), s1) - 1)          '平距
      gc(n1, n4(n1)) = Right(c(j + 1), Len(c(j + 1)) - InStr(c(j + 1), s1))     '高差
      tdj(n1, n4(n1)) = Left(c(j + 2), InStr(c(j + 2), s1) - 1)          '天顶距
      xj(n1, n4(n1)) = Right(c(j + 2), Len(c(j + 2)) - InStr(c(j + 2), s1))     '斜距
      dd1(n1, n4(n1)) = Left(spj(n1, n4(n1)), InStr(spj(n1, n4(n1)), s8) - 1)   '水平
角--度
      ff1(n1, n4(n1)) = Mid(spj(n1, n4(n1)), InStr(spj(n1, n4(n1)), s8) + 1, 2)   '水
平角--分
      mm1(n1, n4(n1)) = Right(spj(n1, n4(n1)), 2)          '水平角--秒
      dd2(n1, n4(n1)) = Left(tdj(n1, n4(n1)), InStr(tdj(n1, n4(n1)), s8) - 1)   '天顶
距--度
      ff2(n1, n4(n1)) = Mid(tdj(n1, n4(n1)), InStr(tdj(n1, n4(n1)), s8) + 1, 2)   '天
顶距--分
      mm2(n1, n4(n1)) = Right(tdj(n1, n4(n1)), 2)          '天顶距--秒
    End If
    If sr(j + 1) <> "HD    " Then
      s2 = "错误！测量点：" & dh(n1, n4(n1)) & "未采用距离测量模式！错
误行：" & j + 1
      MsgBox s2
    End If
  End If
Next
For i = 1 To n1
  ms11(i) = dd1(i, 1) * 3600 + ff1(i, 1) * 60 + mm1(i, 1)
  ms12(i) = dd1(i, 2) * 3600 + ff1(i, 2) * 60 + mm1(i, 2)
  ms21(i) = dd1(i, 3) * 3600 + ff1(i, 3) * 60 + mm1(i, 3)
  ms22(i) = dd1(i, 4) * 3600 + ff1(i, 4) * 60 + mm1(i, 4)
  If ms12(i) > ms11(i) Then
    tp1(i) = ms12(i) - ms11(i)
  End If
  If ms12(i) < ms11(i) Then
    tp1(i) = ms12(i) + 1296000 - ms11(i)
```

End If

If ms21(i) > ms11(i) Then

   tp2(i) = ms21(i) − ms11(i)

End If

If ms21(i) < ms11(i) Then

   tp2(i) = ms21(i) + 1296000 − ms11(i)

End If

If ms22(i) > ms12(i) Then

   tp3(i) = ms22(i) − ms12(i)

End If

If ms22(i) < ms12(i) Then

   tp3(i) = ms22(i) + 1296000 − ms12(i)

End If

hsd2(i) = tp1(i) \ 3600

hsf2(i) = (tp1(i) − hsd2(i) * 3600) \ 60

hsm2(i) = tp1(i) − hsd2(i) * 3600 − hsf2(i) * 60

qsd1(i) = tp2(i) \ 3600

qsf1(i) = (tp2(i) − qsd1(i) * 3600) \ 60

qsm1(i) = tp2(i) − qsd1(i) * 3600 − qsf1(i) * 60

dt(i) = tp1(i) − 648000

qsd2(i) = (tp3(i) + dt(i)) \ 3600

qsf2(i) = (tp3(i) + dt(i) − qsd2(i) * 3600) \ 60

qsm2(i) = tp3(i) + dt(i) − qsd2(i) * 3600 − qsf2(i) * 60

If qsd2(i) < 180 Then

   qsd2(i) = qsd2(i) + 180

   ElseIf qsd2(i) > 180 Then

   qsd2(i) = qsd2(i) − 180

   Else: qsd2(i) = 0

End If

If n4(i) <> 4 Then

   s3 = "错误！测站 " & czh(i) & " 的定向点或前视点观测数量有误，请检查！"

   MsgBox s3

```
    End If
    If n4(i) = 4 Then
        MsgBox "-----前后视观测次数正确！-----"
        If bm(i, 1) <> bm(i, 2) Then
            s4 = "错误！测站 " & czh(i) & " 的两次定向不是同一点，请检查！"
            MsgBox s4
        End If
        If bm(i, 2) = bm(i, 3) Then
            s5 = "错误！测站 " & czh(i) & " 的定向点和前视点为同一点，请
检查！"
            MsgBox s5
        End If
        If bm(i, 3) <> bm(i, 4) Then
            s6 = "错误！测站 " & czh(i) & " 的两次前视不是同一点，请检查！"
            MsgBox s6
        End If
    End If
Next
```

根据对原始数据的记录进行分析，程序新增了对测站的定向点或前视点
观测数量、前后视观测次数、测站两次定向是否为同一点、测站的定向点和
前视点是否为同一点、测站的两次前视是否为同一点等5项检核，以尽量确保
分析数据格式正确，获得正确的分析结果。

控制点单点校核的主要代码示例如下：

```
If n1 <= 7 Then
    ym = 1
End If
If n1 > 7 And n1 <= 14 Then
    ym = 2
End If
If n1 > 14 And n1 <= 21 Then
    ym = 3
```

```
End If
If n1 > 21 And n1 <= 28 Then
   ym = 4
End If
If n1 > 28 And n1 <= 35 Then
   ym = 5
End If
If n1 > 35 And n1 <= 42 Then
   ym = 6
End If
If n1 > 42 And n1 <= 49 Then
   ym = 7
End If
If n1 > 49 And n1 <= 56 Then
   ym = 8
End If
If n1 > 56 And n1 <= 63 Then
   ym = 9
End If
If n1 > 63 And n1 <= 70 Then
   ym = 10
End If
f2 = st & "_" & rq & ".xls"
FileCopy f1, f2
For k = 1 To n1
   Set xlapp = CreateObject("Excel.Application")
   Set xlbook = xlapp.Workbooks.Open(f2)
      xlapp.Visible = False
   Set xlsheet = xlbook.Worksheets("控制测量校核记录表")
      xlsheet.Activate
   t1 = ((k - 1) \ 7) * 5 + 4 * k - 2
   t2 = ((k - 1) \ 7) * 5 + 4 * k + 1
   xlapp.ActiveSheet.Cells(t1, 14) = rq          '施测日期
```

```
xlapp.ActiveSheet.Cells(t2, 1) = czh(k)          '测站点号
xlapp.ActiveSheet.Cells(t2, 2) = dh(k, 1)        '后视点号
xlapp.ActiveSheet.Cells(t2, 3) = 0               '后视水平角正镜——度
xlapp.ActiveSheet.Cells(t2, 4) = 0               '后视水平角正镜——分
xlapp.ActiveSheet.Cells(t2, 5) = 0               '后视水平角正镜——秒
xlapp.ActiveSheet.Cells(t2, 6) = hsd2(k)         '后视水平角倒镜——度
xlapp.ActiveSheet.Cells(t2, 7) = hsf2(k)         '后视水平角倒镜——分
xlapp.ActiveSheet.Cells(t2, 8) = hsm2(k)         '后视水平角倒镜——秒
xlapp.ActiveSheet.Cells(t2, 10) = dd2(k, 1)      '后视天顶距正镜——度
xlapp.ActiveSheet.Cells(t2, 11) = ff2(k, 1)      '后视天顶距正镜——分
xlapp.ActiveSheet.Cells(t2, 12) = mm2(k, 1)      '后视天顶距正镜——秒
xlapp.ActiveSheet.Cells(t2 + 1, 10) = dd2(k, 2)  '后视天顶距倒镜——度
xlapp.ActiveSheet.Cells(t2 + 1, 11) = ff2(k, 2)  '后视天顶距倒镜——分
xlapp.ActiveSheet.Cells(t2 + 1, 12) = mm2(k, 2)  '后视天顶距倒镜——秒
xlapp.ActiveSheet.Cells(t2, 13) = yqg(k)         '后视仪器高
xlapp.ActiveSheet.Cells(t2, 14) = jg(k, 1)       '后视镜高
xlapp.ActiveSheet.Cells(t2, 17) = pj(k, 1)       '后视平距正镜
xlapp.ActiveSheet.Cells(t2 + 1, 17) = pj(k, 2)   '后视平距倒镜
xlapp.ActiveSheet.Cells(t2 + 2, 2) = bm(k, 3)    '前视点号
xlapp.ActiveSheet.Cells(t2 + 2, 3) = qsd1(k)     '前视水平角正镜——度
xlapp.ActiveSheet.Cells(t2 + 2, 4) = qsf1(k)     '前视水平角正镜——分
xlapp.ActiveSheet.Cells(t2 + 2, 5) = qsm1(k)     '前视水平角正镜——秒
xlapp.ActiveSheet.Cells(t2 + 2, 6) = qsd2(k)     '前视水平角倒镜——度
xlapp.ActiveSheet.Cells(t2 + 2, 7) = qsf2(k)     '前视水平角倒镜——分
xlapp.ActiveSheet.Cells(t2 + 2, 8) = qsm2(k)     '前视水平角倒镜——秒
xlapp.ActiveSheet.Cells(t2 + 2, 10) = dd2(k, 3)  '前视天顶距正镜——度
xlapp.ActiveSheet.Cells(t2 + 2, 11) = ff2(k, 3)  '前视天顶距正镜——分
xlapp.ActiveSheet.Cells(t2 + 2, 12) = mm2(k, 3)  '前视天顶距正镜——秒
xlapp.ActiveSheet.Cells(t2 + 3, 10) = dd2(k, 4)  '前视天顶距倒镜——度
xlapp.ActiveSheet.Cells(t2 + 3, 11) = ff2(k, 4)  '前视天顶距倒镜——分
xlapp.ActiveSheet.Cells(t2 + 3, 12) = mm2(k, 4)  '前视天顶距倒镜——秒
xlapp.ActiveSheet.Cells(t2 + 2, 13) = yqg(k)     '前视仪器高
xlapp.ActiveSheet.Cells(t2 + 2, 14) = jg(k, 3)   '前视镜高
```

```
xlapp.ActiveSheet.Cells(t2 + 2, 17) = pj(k, 3)        '前视平距正镜
xlapp.ActiveSheet.Cells(t2 + 3, 17) = pj(k, 4)        '前视平距倒镜
xlapp.ActiveWorkbook.Save
xlapp.DisplayAlerts = False
xlapp.Workbooks.Close
xlapp.Quit
Set xlapp = Nothing
Next
  s9 = "完毕！共识别测站 " & n1 & " 个，请检查D:\【不动产档案图面整
理】文件夹下生成的含观测日期的校核记录表xls文件！"
MsgBox s9
End Sub
```

在实际测量中，一个观测原始数据文件中往往会有多个测站，程序运行结束后，只生成一个包含该文件测量日期的表格文件。外业测量设站后，前后视盘左、右的点采集必须按"距离"方式进行。

运行程序时，点击"选择数据开始检查"，在弹出的对话框选择整理好的原始数据文件即可。程序将对原始数据进行简单观测次数检查，每站测量的点应包括后视盘左、右，前视盘左、右共4组测量值，若设站后观测值不是4组，将弹出错误提示。程序还将根据编码检查前后视盘左、右编码是否一致，数据采集是否采用距离模式等，并在运行结束时弹出提示。

南方NTS-332全站仪测量数据格式如图11-2-2所示。

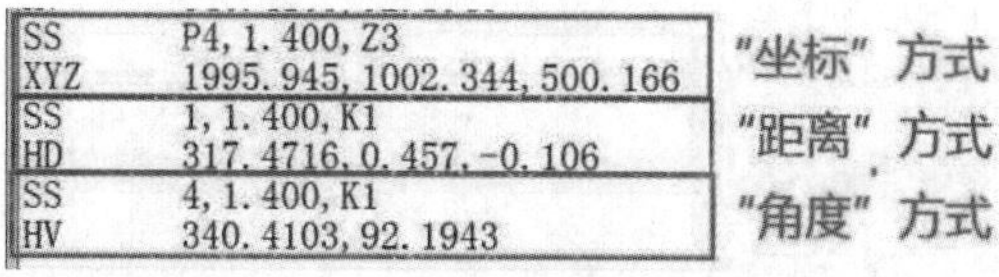

图11-2-2　南方NTS-332全站仪测量数据格式

程序运行前后的控制测量校核记录表样式分别如图11-2-3和图11-2-4所示。

图11-2-3　程序运行前的控制测量校核记录表样式

图11-2-4　程序运行后的控制测量校核记录表样式